地名文化小丛书

地名
文化

DIMINGWENHUAXIAOCONGSHU

自然地名：在这里遇见中国史

李慧／编著

额济纳，蒙古语为“幽隐与沙漠”之意，其语源，一说为“亦集乃”之音转，一说为西夏党项族语，译为“黑水”或“黑河”……在额济纳河的河床故地留存着大量的居延烽燧，两千年前，李陵率五千名弓箭手便是从这里出发……

中国社会出版社
国家一级出版社·全国百佳图书出版单位

图书在版编目（CIP）数据

自然地名：在这里遇见中国史／李慧编著．—北京：中国社会出版社，2015.5

（地名文化小丛书／柳拯主编）

ISBN 978－7－5087－5050－7

Ⅰ.①自… Ⅱ.①李… Ⅲ.①地名—介绍—中国 Ⅳ.①K92

中国版本图书馆 CIP 数据核字（2015）第 081168 号

书　　名：自然地名：在这里遇见中国史
编　　著：李　慧

出 版 人：浦善新
终 审 人：李　浩　　**责任校对：**张杰利
责任编辑：魏光洁　　**助理编辑：**赵津莹

出版发行：中国社会出版社　邮政编码：100032
通联方法：北京市西城区二龙路甲 33 号
电　　话：编辑室：（010）58124851
邮购部：（010）58124848
销售部：（010）58124845
（010）58124846
传　真：（010）58124856
网　　址：www. shcbs. com. cn
shcbs. mca. gov. cn
经　　销：各地新华书店

中国社会出版社天猫旗舰店

印刷装订：中国电影出版社印刷厂
开　　本：170mm×240mm　1/16
印　　张：10. 25
字　　数：140 千字
版　　次：2016 年 2 月第 1 版
印　　次：2016 年 2 月第 1 次印刷
定　　价：26. 00 元

中国社会出版社微信公众号

《地名文化小丛书》编委会

引　子

自然保护区，是国家为了保护自然和自然资源，特别是有代表性的自然生态系统、珍稀濒危野生动植物物种以及有特殊意义的自然遗迹而划定的加以保护的区域。自然保护区是衡量一个国家自然保护事业水平的重要标志，新中国成立伊始，我国便开始了自然保护区建设。在设立的众多自然保护区中，其地名不但具有地理特征，而且在漫长的历史长河里，这些地名与许多重要的历史人物、重大的历史事件都有某一方面的特定联系，见证了许多边疆民族的兴起，见证了我们统一的多民族国家的建立与巩固，蕴藏着丰富的历史与文化。今天，了解这些自然地名背后的故事，能让我们身临其境地感受一个固定的地理坐标处于历史发展中的变迁，以及一个地域符号所代表的历史时期的面貌和演变，也让我们对自然的保护提升到文化保护和人文关怀的高度，使自然保护区成为衡量一个国家文化科学水平的重要标志。

目　　录

第五章　故里·地名

第六章　民族·地名

第一章　故地·地名

额济纳——居延李陵悲与黑水城殇

一部电影《英雄》让地处偏僻的额济纳和金秋时节的胡杨林闻名遐迩，每年10月，当第一场秋霜过后，阳光下胡杨林金色的树叶映衬着湛蓝的天空，于风中婆娑起舞，颜色绚烂而夺目。内蒙古额济纳胡杨林国家级自然保护区，位于内蒙古自治区额济纳旗的中心位置——额济纳绿洲，西邻额济纳旗政府驻地达来呼布镇。

额济纳地区先秦时期称“流沙”或“弱水流沙”，秦汉以后称“居延”，这片地域一直是汉、唐、西夏和元等王朝在西北的重防之地，也是驻兵戍边、移民屯垦的理想场所。自汉代以后，居延地区来过柔然、突厥、回纥、回鹘等众多部族，到了宋代，这里隶属西夏，设有“黑水镇燕军司”；元代置“亦乃集路”，隶属甘肃行中书省，统领山丹、西宁二州；明代为肃、甘二州边外地；清乾隆年间，授予当地土尔扈特蒙古族部扎萨克印，称之为“额济纳旧土尔扈特特别旗”，始称额济纳。额济纳，蒙古语为“幽隐与沙漠”之意，其语源，一说为“亦集乃”之音转；一说为西夏党项族语，译为“黑水”或“黑河”，大多数学者认同额济纳是“亦集乃”谐音的说法。

祁连山雪水融化后北流至张掖汇为黑河，到酒泉以后叫作弱水，河水继续北流，乃至冲破戈壁沙漠，在一个低洼地带汇集成湖，这便是汉代的居延泽，唐代又称居延海[①]。汉武帝为固守河西地区，在弱水沿岸设居延、肩水两个都尉，近50候，烽燧300座以上。居延都尉驻扎的地方就是居延城，是西北地区的军事重镇，在历史上名盛一时。后来汉武帝命人将居延城与南面的张掖郡用塞墙和亭障联结起来，这便是史书中赫赫有名的遮虏障，也叫居延塞。除了修筑城障列亭，武帝又命人在弱水左岸加筑大段长城（亦称居延塞墙）。

汉武帝先后10余次征伐匈奴，收复了河套以南地区，解除了匈奴对长安的威胁。然而，匈奴远遁，漠南无王庭，匈奴却并未完全臣服于汉朝。居延塞建好之后，直接面对匈奴龙城（今蒙古国杭爱山东麓），表明了汉武帝彻底解决匈奴问题的决心，也意味着汉朝对匈奴作战方式将由防御转为进攻，居延塞作为进攻匈奴的前沿阵地，极大地缩短了深入匈奴境内作战的路程。天汉二年（前99）秋，汉武帝遣贰师将军李广利带骑兵3万出征匈奴，令李陵负责搬运粮草和器械，李陵未应允，反而主动请缨，他说："臣所将屯边者，皆荆楚勇士奇才剑客也，力扼虎，射命中，愿得自当一队……愿以少击众，步兵五千人涉单于廷。"这场战争从一开始背后便杂有帝王私心，为了让李夫人之兄李广利的海西侯坐得更稳当，堵住臣子们的口舌，汉武帝才让李广利远征匈奴，建功立业。这位李夫人便是历史上有名的深谙"以色事人者，色衰而爱弛，爱弛则恩绝"之理，至死蒙面不见汉武帝，惹得帝王无尽思念的绝世佳人。为何李陵为了独立统军敢于这样选择，他深入匈奴腹地作战却没有骑兵，无异于拿命一搏。这不得不让人联想到其祖父李广当年饮恨自杀的惨痛往事。飞将军李广自"结发与匈奴大小七十余战，今幸从大将军（卫青）出接单于兵"，终于有了一次与匈奴对阵的机会，只可惜"大将军又徙广部行回远，而又迷失道，岂非天哉"，年逾60岁的飞将军李广"终不能

---

① 侯仁之．在居延及古阳关地区沙漠化过程考察，环境研究1982年第3期，第4页。

复对刀笔之吏”，选择了愤而自刎，留给后世“李广难封”的扼腕。许多人试图从汉代军功封赏制度，乃至李广的性格等各方面来分析李广为何难以封侯。除去这些因素，但凡对比汉代对匈奴作战的三代名将卫青、霍去病、李广利，在独立领兵权、兵马装备等方面受到的优待，汉武帝的格外关照不言而喻，这种裙带之风千百年之后也遭到清代著名史学家赵翼的讥讽。据《史记·李将军列传》记载，李陵一家三代并无裙带关系可攀，要想封侯必定要建奇勋。这是一个为征战而生的家族，为了了却祖父的遗憾自然是李陵渴望立功封侯的最大动力。此时的李陵任骑都尉，率领丹阳郡的楚兵5000名，在酒泉、张掖一带教练射术，以防匈奴的掳掠，虽远离长安，却对这种帝王“私心”有着一种天然的防范，甚或是一种厌恶。

在额济纳河的河床故地留存着大量的居延烽燧，两千年前，李陵率5000名弓箭手便是从这里出发。一个月后，在浚稽山汉军与且鞮侯单于的3万骑兵遭遇，匈奴军将汉军围在两山之间，双方交战的过程在《汉书》中有详细的记载。面对匈奴的骑兵，李陵组织了有效的抵抗，以军车为营，布阵于营外，前列士兵持戟盾，后列士兵持弓箭来抗击匈奴骑兵。匈奴急忙增兵，以8万之数攻打李陵。李陵军士坚持了10余天，最激烈时两军常一日战数十次，无奈汉军在谷中，匈奴自山顶向下射杀，占尽了地利。在如此恶劣的境地，汉军还后无援兵，情急之下一天之中竟将50万支箭全部射出，矢尽弓废之时，又遭到匈奴阻断后路、投石碾压，汉军多战死。李陵只好率部下分散突围，匈奴派数千骑兵猛追，最终在距离居延塞不足百里的地方将李陵俘获。这短短的百里之地，永远断绝了一个“垂饵虎口，横挑强胡”的勇士回家的路。

帝王不会明了“矢尽道穷，救兵不至，士张空拳，冒白刃，北首争死敌”的悲壮，之后的结局大家都比较熟悉了，李陵投降之后，汉武帝龙颜大怒，将李陵母弟妻子全部诛杀；司马迁为李陵辩白受到株连，惨遭腐刑，成就了《报任安书》的荡气回肠；李陵最终孤独地留在了草原，欲尽忠已无君可忠、欲尽孝已无亲可孝。

李陵成为历史上颇有争议的人物之一，他的故事成为后世文人不断歌咏抒怀的对象。《答苏武书》中李陵的悲怆深情和凄婉感伤，无论成于何人之手，至少反映了读书人对李陵的同情和理解。收录在《昭明文选》中的“李陵赠苏武诗”，流传于5世纪前期，其真伪问题历来就是文学史研究领域聚讼纷纭的话题，一直备受关注。李陵的悲剧是普通百姓不断咀嚼回味的题材，在诗歌、敦煌变文、戏剧、曲词等各种文学体裁中都有反映。无论是李白《苏武》诗的“泣把李陵衣，相看泪成血”，辛弃疾的“将军百战声名裂。向河梁、回头万里，故人长绝”，还是欧阳伯恭《苏武李陵泣别图》中“五千健儿五千母，臣若独归魂魄苦。空将老泪寄君归，归洒茂陵坟上土”之句，大多数人避开节气的讨论，对李陵的同情多过责骂，主要集中于对专制帝王的批判，体现了一种人性的回归和人文主义的关怀。

李陵降匈奴后，娶匈奴之女为妻，居于漠北，史书记载：“李氏名败，而陇西之士居门下者，皆用为耻焉”，之后有关他的史事湮没无闻。而到了北魏、北周、唐时期，李陵竟成为人们竞相追祖的对象，作为民族关系史上一个特殊的历史人物形象而再现①。学者温海清研究认为，陇西李氏自秦汉以来就是衣冠旧族，处在游牧部落与中原汉地社会的结合部，与北方诸民族关系密切，李陵成为竞相追祖的对象是很自然的事情。在当时，不仅拓跋鲜卑被指称为李陵之后，唐代的西北民族黠戛斯，他们之中黑发黑瞳者也自称为李陵后裔，并攀附与李唐同宗。而具有“胡族”血统的唐朝皇族，虽非直接追祖李陵，可其所追之祖陇西李氏，正是与李陵关系甚为密切的家族。谁能料想，在北方游牧人与汉地农耕民的接触交往中，李陵因其特殊的身份地位成为一种胡汉杂糅的认同符号，

① 温海清．北魏、北周、唐时期追祖李陵现象述论——以“拓跋鲜卑系李陵之后”为中心，民族研究2007年第3期，第73页。

他个人的悲剧成就了民族认同和民族融合的驱动因素。

11 世纪，西夏在居延地区建立新城，名黑水城，西夏十二监军司之一的“黑水镇燕军司”便驻扎在此。黑水城在明代遭到废弃，在今额济纳旗达来呼布镇东南 25 公里处，即额济纳河的东岸。遗址平面呈长方形，有东西两个城门，城门外的方形瓮城保存十分完整，西北角的 5 座覆钵式佛塔现如今成为遗址上的标志性建筑。城中如今黄沙遍地，但仍能依稀辨认出纵横的街道、密集的民宅，不禁使人浮想联翩，遥想当年城中的繁华喧闹和香火之盛。

黑水城遗址

这座古城如同敦煌藏经洞一样也历经劫难，在近代惨遭西方探险家的野蛮掠夺。1908 年俄国探险家科兹洛夫受沙皇指派来到中国，他买通了当地官员，带领一队人马进入黑水城遗址挖掘，具体过程可参看他的游记《蒙古与青海及哈拉浩特遗址》。随后他将黑水城中盗掘的西夏文献运回圣彼得堡，俄国专家无法识读，只是本能地觉得这些文献蕴藏着极大的价值。1909 年，科兹洛夫的考察队再次进入黑水城全面挖掘，还掘开了西城墙附近的一座佛塔，获得了达 2400 卷之多的各类刻本抄本和大批经卷、佛画等。科兹洛夫在黑水城先后获得了 8000 多号文献，这些珍贵的文献现分存于俄罗斯科学院东方学研究所圣彼得堡分所和爱尔米塔什博物馆，遥遥领先于其他国家的西夏文献收藏[①]。他的野蛮盗掘导致各类出土文物混淆不清，缺乏科学记录，极大地影响了后人的研究工作。1914 年，英国的斯坦因进行第三次中亚探险，也来到黑水城，同样发现了众多的西夏文写本，数量为 4000 余号，现藏英国国家图书馆。斯坦因运走的文献中，除了西夏文以外，还有为数不少的波斯文、蒙古文、古藏文以及梵文等。唯一值得庆幸的是，斯坦因依照考古程序对出土的各类文献做了详细记录，使得后人研究时有迹可循。他还获得一枚元代的统钞，据说这是世界上现存最古老的钞币。在斯坦因之后，来自美国、瑞典、法国的探险家纷纷潜入黑水城发掘考察，均满载而归。瑞典的斯文赫定获得的西夏文献，现藏于斯德哥尔摩民族学博物馆，其余的西夏文献还流散到了德国、印度、越南等国[②]。

西夏政权于北宋宝元元年（1038）建立，立国近两个世纪，元人却未能为其编修“正史”，仅在宋、辽、金三史中留有四卷《夏国传》，再加上西夏文献的大量散佚，长期以来人们对这个西部政权知之甚少。20 世纪黑水城西夏文物资料的问世，才让人们渐渐了解这个以党项族为主体的少数民族政权；在这些珍贵的文献背后，人们看到了一个带有浓郁民族特色和宗教特征的西夏王朝。而释读这些文献的前提，首要问题自然是西夏文字的破译。一直以来学者认为西夏文字的使用下限仅到元朝，依据是元朝时所刻居庸关和敦煌的六体（即梵、藏、八思巴蒙文、回鹘、西夏和汉六种字体）石刻。1962 年，河北保定韩庄村出土有两座西夏文石质经幢“佛顶尊胜陀罗尼经幢”，年代是明朝中叶；故宫博物院藏有西夏文的明初木刻本《高王观世音经》，这两类证据的发现，又让学术界将西夏文的使用下限推至明朝初期甚至中叶[③]。据文献记载，西夏精方匦匣

① 赵彦昌、邵明霞．论西夏文献流失海外的原因、经过和具体分布，辽宁大学学报（哲学社会科学版）2013 年第 3 期，第 119 页。

② 赵彦昌、邵明霞．论西夏文献流失海外的原因、经过和具体分布，辽宁大学学报（哲学社会科学版）2013 年第 3 期，第 119 页。

③ 史金波、白滨．明代西夏文经卷和石幢初探，考古学报 1977 年第 1 期，第 148 页。

使王立之出使金国，未及还国，西夏即已灭亡，金哀宗使之主管夏国降户①。学术界由此认为金国派官员安置西夏降户于河北、河南一带，而河北保定出土的西夏文石幢也印证了这种观点。元代王恽《秋涧先生大全文集》中“冀州管内，河西军户，间处村乡”的记载，也与西夏降户留于河北一带的观点相吻合。令人遗憾的是，西夏人在与其他民族逐步融合的历史进程中，西夏文字却变得无人能识，成为死文字。

西夏文字，当时人称“番书”“番字”，经过几代学者的努力，西夏文现今已基本可以翻译。黑水城出土的西夏文文献中，有《番汉合时掌中珠》一书，这是一部西夏文与汉文对照的词语集，由党项人骨勒茂才于乾祐二十一年（1190）编撰。书里序言提到：“今时人者，番汉语言，可以具备。不学番言，则岂和番人之众；不会汉语，则岂入汉人之数。”可见此书的编纂是基于重视番汉两个民族间的文化交流而作。这部书中每一词语都有四项，中间两项分别为西夏文和相应意义的汉文，左右两项分别为中间西夏文和汉文的相应译音字②，这类文献为西夏文的破译提供了重要线索。黑水城遗址出土的西夏佛经中，还有一类特殊的写本，其中的每个西夏字旁皆用藏文注音，前苏联著名西夏学家聂历山曾系统整理过这些藏文注音，据国内研究西夏文和西夏史的知名学者史金波先生推断，这类写本可供懂藏文而不懂西夏文的人诵读西夏文佛经时使用。因此，学术界对西夏文的研究还推进到了字音方面。西夏文虽然走过了一条从湮灭到重生的漫长之路，但与消失在历史长河中的其他民族语言文字相比，无疑是十分幸运的。

西夏黑水城的繁荣，得益于西夏控制了河西地区，不单使西夏扩大了版图，继而控制丝绸之路，一改往日单纯依靠池盐和畜牧的发展状态，再也不必担心宋朝禁销池盐和关闭互市。当时高昌回鹘、龟兹回鹘、于

① 孟楠．元代西夏遗民的迁徙及与其他民族的融合，宁夏大学学报（社会科学版）1995 年第 3 期，第 32 页。

② 史金波．西夏文物的民族和宗教特点，中国历史文物 2005 年第 2 期，第 34 页。

阗、喀喇汗王朝、大食等西域各国，与辽国和宋朝的贸易，都需要取道西夏境内，西夏乘机从中抽取税利，最为重要的是，这种东西方的贸易往来极大地刺激了西夏商业的发展，从而促进西夏国力的壮大①。宋朝却遭受严重损失，不但丧失土地，经由丝绸之路与西域诸国的经济交流还受阻，宋朝不得已改行海道，竟发展了历史上著名的“海上丝绸之路”。而大食国，即阿拉伯帝国，为了保障与宋朝的海上贸易，不断清除沿海海盗，在东南亚各地传播伊斯兰教，甚至动用武力征战，在波斯湾至广州的海路上建立了一系列据点②。西夏人虽湮灭于历史中，但他们的武力征伐就像蝴蝶效应一样，波及今日东南亚各国的伊斯兰信仰格局。历史的魅力便是如此，交织错落着，往往一个小小的动因，却深刻地影响了事情的整个进程，进而改变人们的生活。

1227 年，西夏灭亡以后，窝阔台汗次子阔端受封于西夏故地。元中统二年（1261）设西夏行省，后罢，以其地归忽必烈三子安西王忙哥剌属领，至元十八年（1281）复立西夏行省。1286 年元世祖忽必烈在黑水城设“亦集乃路总管府”，据说马可·波罗就曾路过此地，然后一直走到了杭州。蒙古从一开始征服西夏便颇费周折，西夏民族以尚武著称，域外史料、波斯人拉施特的《史集》中曾记“唐兀惕人是一个好战而强大的部落”。（唐兀惕，又作唐古忒，元朝时蒙古人称呼党项人及其所建立的西夏政权）为了防范西夏人的反抗，蒙古统治者屡次把西夏遗民迁出故土、远戍边地③，同时又迁入更多的汉人，《元史》中就有至元七年“徙怀孟新民千八百余户居河西”，至元十八年“以太原新附军五千屯田甘州”的记载。蒙古人统治下的西夏故地，包含河西地区在内，民族结构有了新的变化。在这片土地上，西夏遗民、回鹘人、蒙古人和汉人长期和睦相处，共同繁衍生息。

---

① 钱伯泉．西夏对丝绸之路的经营及其强盛，西北民族研究 1993 年第 2 期，第 48 页。

② 钱伯泉．西夏对丝绸之路的经营及其强盛，西北民族研究 1993 年第 2 期，第 51 页。

③ 孟楠．元代西夏遗民的迁徙及与其他民族的融合，宁夏大学学报（社会科学版）1995 年第 3 期，第 32 页。

元成宗大德十一年（1307），安西王阿难答因为争夺皇位失败被杀，他在甘、青、宁、川北和陕西西北部的封地被撤，西夏故地也因此不再分封及设省，改由甘肃行省管辖。阿难答是忙哥剌之子，幼时曾寄养于伊斯兰教徒之家，通晓《古兰经》及教律，严格奉行伊斯兰教教乘，擅长阿拉伯文书法。拉施特《史集》记载："阿难答背诵过《古兰经》，并且用大食文书写得很好。他经常把时间消磨于履行戒律和祈祷上。"阿难答袭封安西王后改宗伊斯兰教，并让部属15万蒙古军队皈依了伊斯兰教，元成宗知道后非常气愤，以背叛"祖宗之道"的名义将其拘捕，强迫他皈依佛教，可阿难答坚决不从。据说在信仰方面，阿难答是其兄长合赞汗的忠实追随者。合赞汗是蒙古四大汗国之一的伊儿汗国君主，当地居民主要为信奉伊斯兰教的波斯人，上面提到的拉施特便是合赞汗在位时的宰相。蒙古人当时在西亚的统治不稳，合赞汗为此进行了一系列改革，为了取得伊斯兰教阿訇和本地官僚贵族的支持，他让蒙古族放弃原本信仰的萨满教，改信伊斯兰教①。最终，元成宗考虑到西夏故地本就有军队和大量居民是穆斯林，也只好如阿难答所愿，任其所为②。

黑水城城西南角处，有一伊斯兰教圆拱顶建筑废墟，科兹洛夫曾提过："从哈喇浩特西边过来的观察家会被一个离要塞西南角有一定距离的，类似伊斯兰教清真寺的宽圆顶小建筑所吸引。"1983年，考古发现此处建筑位于一片穆斯林公共墓地之中，2000年考古工作者认为这一建筑为元代贵族墓，从事西域出土文献研究的学者林梅村先生推断是安西王阿难答墓。也有学者反对，认为这个圆拱顶建筑废墟只是穆斯林墓地中的"墓地礼拜寺"③。看来要想真正弄清这类谜题，还有待进一步的考古发掘和对黑水城文书的深入研究。但可以确定的是，当时的亦集乃路，这个

① 黄邦和、皮明庥主编．中外历史人物词典，长沙：湖南人民出版社1987年版，第935页。

② 孟楠．元代西夏遗民的迁徙及与其他民族的融合，宁夏大学学报（社会科学版）1995年第3期，第32页。

③ 陈玮．元代亦集乃路伊斯兰社会探析——以黑城出土文书、文物为中心，西域研究2010年第1期，第14页。

丝绸之路上的绿洲城市吸引了众多西亚、中亚的民族，伊斯兰信仰盛行。

明朝兴建新长城，从嘉峪关开始逶迤向东，放弃了额济纳旗的北部地区，把原来汉朝军事防线以内居延三角洲等地区，隔在新建长城之外①。清乾隆年间，土尔扈特人东归安居此地，开始了逐水草而居的游牧生活，乾隆十八年（1753）始称“额济纳旧土尔扈特特别旗”，直属中央理蕃院，“额济纳”一词遂沿用至今。

额济纳地区，浓缩了西北各民族的沧桑变迁，见证过历史上西域各个政权的兴衰更替，承载着中华民族瑰丽无比的文化。这个自古以来水草丰美、牛羊遍地的游牧天堂，值得人们更多地去关注、去保护。大漠与绿洲相依相存，号称三千年不死、死后三千年不倒、倒后三千年不朽的胡杨林正是此地历经千年风霜，绵延不绝的生命回响。

喀纳斯——西突厥故地与唐在西域的经营

喀纳斯综合自然景观保护区，位于新疆维吾尔自治区最北部的阿尔泰山南坡，布尔津与哈巴河两县境内。由山上积雪融化汇集而成的喀纳斯湖，便静卧在阿尔泰山脉的群山之中，接着流入额尔齐斯河，最终汇入北冰洋。这里是哈萨克斯坦、俄罗斯、蒙古和中国四国接壤的黄金地带，历史上曾先后来过匈奴、鲜卑、柔然、突厥、铁勒、蒙古和哈萨克等草原民族部落。

自公元前1世纪中叶汉朝设立西域都护以来，阿尔泰山以南及巴尔喀什湖以东、以南的广大地区，便成为我国历代王朝疆域的一个组成部分②，史籍中常出现的“西域”也包含了这一地区。汉代边地长期遭受匈奴的侵扰和掠夺，汉与匈奴在西域的争夺也从未停止，但是中央王朝一直未曾放弃对西域的经营。东汉延光三年（124）敦煌太守张珰曾说过：

① 侯仁之．在居延及古阳关地区沙漠化过程考察，甘肃环境研究与监测1982年第3期，第4页。

② 邹逸麟、赵永复．唐代的碎叶城，复旦学报（社会科学版）1980年，第97页。

“在京师时，亦以为西域可放弃，及亲临此地，始知失西域，则河西不能自治”，他的话道出了西域的战略地位，也从另一个侧面反映出因地理隔绝的缘故，深居内地的人们是很难体会和认识到这种重要性的。到了唐代，平息游牧民族的劫掠，将北方游牧区纳入自己的统治成为朝廷在西域遇到的首要难题，当时与唐交战的对象主要是突厥。唐统一西域以后设有众多羁縻府州，归安西都护府和北庭都护府这两大最高统治机构管理，这也是唐西面疆域最盛的时期。

喀纳斯湖

唐代是一个“宁为百夫长，胜作一书生”的自信时代，朝廷坚持开疆拓土，文武双全的“儒将”应运而生。文人通过“入幕制度”也能实现建立军功的壮志，他们抱着“功名只向马上取，真是丈夫一英雄”的信念来到西域，与此同时创作出大量豪情万丈的边塞诗歌。唐代的边塞诗兼具征战艰辛与异地风情，诗中思乡与报国是两大主题，一扫南朝梁陈的绮靡香软之风，并在创作上达到了一个任何朝代都难以企及的高峰，在中国文学史上“一枝独秀”，拥有无与伦比的艺术魅力。今天新疆北部，在唐中期迎来了一位有名的边塞诗人——岑参，在他的名作《白雪歌送武判官归京》中是这样描写的：

北风卷地白草折，胡天八月即飞雪。

忽如一夜春风来，千树万树梨花开。
散入珠帘湿罗幕，狐裘不暖锦衾薄。
将军角弓不得控，都护铁衣冷犹著。
瀚海阑干百丈冰，愁云惨淡万里凝。
中军置酒饮归客，胡琴琵琶与羌笛。
纷纷暮雪下辕门，风掣红旗冻不翻。
轮台东门送君去，去时雪满天山路。
山回路转不见君，雪上空留马行处。

诗中“忽如一夜春风来，千树万树梨花开”一句，岑参匠心独运，以南国春日盛开的繁盛梨花作比，用“千树万树”的重叠修辞来表现北国雪景的壮丽，堪称咏雪的千古名句；“瀚海阑干百丈冰，愁云惨淡万里凝”，这是诗人作别友人的背景，浩瀚的沙海与黑沉压境的冬云在这辽阔广袤的天地里连成一色，让我们充分感受到那种惜别的无尽惆怅，戍边将士朴实而又壮逸的情怀在诗中发挥得淋漓尽致。“都护”“胡琴”“轮台”和“天山”等一系列地域元素，都是十分显著的“西域符号”，令人不由得生出找寻这边塞从而一探究竟的念头。岑参曾两度出塞，这首诗写成于他第二次出塞期间，即唐天宝十三年（754）至至德二年（757），他当时任安西、北庭节度使封常清的幕僚。有学者根据岑参所作的其他边塞诗，并结合考古发现，推测诗中的“轮台”与汉代轮台所在地不同，其位置应当在今新疆阜康县一带，位于天山北麓，属于唐北庭都护府管辖。另外，“胡天八月即飞雪”等句反映的也是天山北麓的典型节候，所以岑参这首诗应当创作于唐北庭都护府[①]。岑参另一首诗《登北庭北楼是幕中诸公》，中有“二庭近西海，六月秋风来”[②]一句，此“二

① 张永鑫．岑参“白雪歌送武判官归京”写实说，苏州大学学报（哲学社会科学版）1987年第4期，第52—53页。

② 郭平梁．骆宾王西域之行与阿斯塔那64TAM35－19－a号文书，西北民族研究1989年第4期，第59页。

庭”指西突厥分裂时牙帐分设南北而形成的南庭、北庭，这首诗他描绘的是西突厥旧地。而无论是北庭都护府还是西突厥旧地，这一类边塞诗的创作及其所表现的内容，都是以唐对西域的开拓和经营为背景。

唐初，西域地区主要归西突厥政权统治。西突厥是一个“重战死而耻病终”的强盛民族，游牧于天山北麓直至中亚七河草原一带，东起阿尔泰山以西，西至里海，西南至兴都库什山。《隋书·西突厥传》记载：“西突厥者……与（东面）沙钵略有隙，因分为二，渐以强盛。东距都斤，西越金山，龟兹、铁勒、伊若及西域诸胡悉附之。”583 年，突厥汗国分裂后的西支便是西突厥，《旧唐书·西突厥传》又记载：“西突厥本与北突厥同祖。初木杆与沙钵略可汗有隙，因分为二，其国，即乌孙之故地。”① 突厥汗国原本是一个“威服塞外诸国”的强大汗国，552 年阿史那土门领兵击破柔然所建，他本人自称“伊利可汗”，该汗国的统治东起辽东，西至西海（今里海），南及长城和阿姆河流域，北过北海（今贝加尔湖），曾因控制丝绸之路而强盛一时②。分裂以后，东、西突厥以阿尔泰山为界，阿尔泰山以东为东突厥，阿尔泰山以西为西突厥，隋末时西突厥又因内部相争陷于分裂。

唐朝对西域的开拓和经营便是从降服西突厥开始。唐贞观十四年（640）起，唐太宗乘西突厥两大部相互混战之机调遣大军，先后打败了归服于西突厥的高昌、焉耆、龟兹等国，继而与西突厥展开较量。待侯君集平定高昌，唐设安西大都护府于西州交河城（今新疆维吾尔自治区吐鲁番市西北）以后，西突厥阿史那贺鲁来降，唐以其可汗浮图城设庭州（今新疆吉木萨尔县北破城子）。也有学者认为，阿史那贺鲁在这一年仅仅只是弃可汗浮图城西去，实未归降，他降唐得到贞观二十二年③。唐征讨龟兹时，阿史那贺鲁曾出力协助，“仍从数十骑入朝”，

① 林超民．安西、北庭都护府与唐代西部边疆，文献 1986 年第 3 期，第 136 页。

② 侯万明．突厥汗国的兴衰，历史教学 1997 年第 1 期，第 36 页。

③ 薛宗正．唐轮台名实核正，新疆社会科学 1983 年第 4 期，第 138 页。

“请为响导”，平定龟兹之后便被唐封为“泥伏沙钵罗叶护”。贞观二十三年唐设瑶池都督府，以阿史那贺鲁为都督，居庭州西莫贺城（今新疆吉木萨尔县西部），隶属于安西都护府。瑶池都督府辖区约在天山以北，阿尔泰山以西，额尔齐斯河以南以及巴尔喀什湖以东的广大地区。西突厥归降，唐太宗十分高兴，曾说道：“西突厥已降，商旅可行矣”，商旅要道“丝绸之路”也因此重新畅通。为了巩固西部稳定，唐还在焉耆、疏勒、龟兹、于阗四城驻扎军队，设置军镇，隶属于安西都护府（治所迁至龟兹，今新疆库车县），这四个军镇就是历史上著名的“安西四镇”。

唐太宗死后，永徽元年（650）阿史那贺鲁叛唐，自立为泥伏沙钵罗可汗，《新唐书》《册府元龟》有记载，“寇庭州，略蒲类，陷金岭”，“杀掠数千人去”[①]，占有了原西突厥全境。高宗多次派兵西讨阿史那贺鲁，唐朝的领土也得以不断向西开拓。显庆二年（657），阿史那贺鲁被平，西突厥全境并入唐朝版图，原本臣属于西突厥的中亚诸国也先后来附，唐的西部边疆扩展到两河流域及波斯北境。在西突厥汗国故地，唐朝设置了众多羁縻府州[②]，控制了天山南北的广大地区。

早在岑参到来之前，西突厥旧地便已来过一位著名的诗人，他就是骆宾王。这位7岁咏鹅的神童，给世人留下传世名篇《讨武曌檄》，虽新、旧《唐书》有传，却都很简略，均未提及他曾有过一段出塞的经历。有学者翻检骆宾王的西域诗文之后，把他与裴行俭的交往综合起来加以推定：骆宾王作为裴行俭的幕僚，大概在仪凤四年（679）从征西突厥到达过西域。骆宾王所作西域诗文有《久戍边域有怀京邑》《晚泊蒲类》《宿温城望军营》等篇，蒲类指的是蒲类海，今新疆天山东端巴里坤湖；宿温城，据学者郭平梁考证当是“温宿城”之误，地处天山南麓，龟兹到碎叶（今吉尔吉斯斯坦的托克马克市附近）的要道便经过温宿，唐代

① 薛宗正．唐轮台名实核正，新疆社会科学1983年第4期，第138页。

② 林超民．安西、北庭都护府与唐代西部边疆，文献1986年第3期，第138页。

贾耽在《四夷道理记》中有相关记载[①]。在《晚度天山有怀京邑》诗中，骆宾王写下“忽上天山路，依然想物华；云疑上苑叶，雪似御沟花”的诗句，抓住了天山景物的典型特征，而“旅思徒漂梗，归期未及瓜。宁知心断绝，夜夜泣胡笳”之句，则深切表达了他漂泊异域的思乡之情。骆宾王的西域诗篇情真意切而风骨兼具，推动了有唐一代边塞诗的发展；在他之后，岑参的边塞诗则以广阔的视角触及边塞生活的各个角落，具有深远的意义和重要的价值，他们与高适、王昌龄等人一同将边塞诗的创作推向了巅峰。

当时裴行俭、骆宾王一行人假借护送波斯王子泥涅师返国之名，到西域讨平西突厥阿史那都支、李遮匐之乱。西突厥阿史那都支、李遮匐政权，属于西突厥灭亡以后的遗留问题。唐在西突厥故地不仅设有羁縻府州，还延续旧习设昆陵、濛池两个都护府，任用西突厥人管理，隶属于安西大都护府。阿史那弥射为左卫大将军、昆陵都护、兴昔亡可汗，统领五咄陆部落；濛池都护是阿史那步真，也称继往绝可汗，统领五弩失毕部落[②]，后二人失和。龙朔二年（662）唐朝将领听信阿史那步真谗言，诛杀了阿史那弥射，引发众怒。阿史那都支联合李遮匐反唐，依附于吐蕃，唐因此失去了对西突厥地的控制。阿史那都支本为唐分封的匐延都督，所率部落居于额尔齐斯河上游一带，统五咄陆等部，在碎叶之东和巴尔喀什湖以东、以南地区[③]。此时的吐蕃对其北面的西域一直虎视眈眈，给唐造成了空前的压力。高宗咸亨元年（670）吐蕃灭吐谷浑，攻陷唐的西域十八州，唐只好放弃“安西四镇”，被迫将安西大都护府治所由龟兹迁回西州，唐朝在西域的统治岌岌可危。

骆宾王跟随裴行俭征讨西突厥便是处在这样的历史背景之下。他当

① 郭平梁．骆宾王西域之行与阿斯塔那64TAM35－19－a号文书，西北民族研究1989年第4期，第59页。

② 林超民．安西、北庭都护府与唐代西部边疆，文献1986年第3期，第139页；薛宗正．骆宾王从征西突厥的诗篇，乌鲁木齐职业大学学报1992年第2期，第65页。

③ 邹逸麟、赵永复．唐代的碎叶城，复旦学报（社会科学版）1980年，第100页。

时已年逾60岁，此前一直过着漂泊不定的军旅生活，因调任武功县主簿，一个正九品的职位，才稍稍安定下来。骆宾王很早便得裴行俭赏识，裴本人在历史上是一位有名的政治家和书法家，在高宗一朝素以“识人选才”闻名。有一次，吐蕃入侵，朝廷派裴行俭率兵平定，裴有心举荐骆宾王，但因骆宾王当时“不汲汲于荣名，不戚戚于卑位”，一心奉养老母，最终未能随行军中。后来骆宾王的长诗《帝京篇》写成，一时间洛阳纸贵，朝野传诵，加上裴行俭的器重，他的职务终于有了小小的提升，这就是《新唐书》本传所记“表掌书奏，（骆宾王）不应，调长安主簿”一事。679年边疆烽烟再起，阿史那都支、李遮匐之乱爆发，朝廷又派裴行俭进讨。裴行俭建议以派兵护送波斯王子回国的名义取道阿史那都支控扼之地，趁机奇袭剿灭西突厥，从而解除“安西四镇”和安西大都护府的危机，朝廷采纳了他的意见。这一次，骆宾王因母亲已离世，了无牵挂地跟随着裴行俭，踏上了平叛西突厥的征程，其《从军行》一诗中“不求生入塞，唯当死报君”之句，表现的便是他这种豪气云天的洒脱。经学者薛居正研究，裴行俭带领军队由长安出发后，迂行西北至灵州渡黄河，进到河西走廊，开始了真正的出塞历程，最后终于到达安西大都护府的所在地西州①。骆宾王也因此次行军，看到了草原、荒漠等独特的西域景致，在塞外思乡情切，写下了上述与西域有关的诗作数篇。骆宾王在军中协助裴行俭袭破昆陵、濛池都护府，擒阿史那都支，降李遮匐，重建了“安西四镇”（此时碎叶取代焉耆，成为四镇之一）。

在裴行俭等老将去世以后，武则天原本打算在西突厥旧地沿用高宗时期的各项制度，任命西突厥人自行管理。垂拱元年（685）她让阿史那弥射之子阿史那元庆出任昆陵都护，不料西域正在崛起一个新兴的军政集团，即突骑施汗国（西域异姓突厥之一部）②，突骑施不断侵逼阿史那

① 薛宗正．骆宾王从征西突厥的诗篇，乌鲁木齐职业大学学报1992年第2期，第66页。

② 盖金伟．论北庭大都护阿史那献与郭虔瓘之争——以唐代西域军政管理模式为中心，昌吉学院学报2008年第5期，第69页。

元庆部落的牧地，阿史那元庆不敌，只好带着部分西突厥人进入内地。第二年，武则天又立阿史那步真之子阿史那斛瑟罗为濛池都护，然而兴起的突骑施部根本不听命于斛瑟罗；复兴后的东突厥又不断侵扰唐边，斛瑟罗也不能御，更于天授年间狼狈逃回内地[①]。除了突骑施，西域还遭受着东突厥和吐蕃自东、南两个方向的渗透。至此，武则天沿用西突厥汗国旧裔管理西域的计划宣告破产。为了维护中央王朝在西域的主导地位，一时间武则天压力陡增；在内地，她刚平定完骆宾王参与的徐敬业叛乱，也正值多事之秋，各种客观形势迫使她必须重新应对西域格局的调整。

早在贞观三年（629），唐派李靖、李勣等率大军击突厥，第二年颉利可汗被擒，东突厥灭亡。然而待默啜继汗位后，经过东征西讨扩地万里，“（版图）略与颉利可汗盛时相当”，东突厥重新强大，又名“后东突厥汗国”。史载默啜可汗刚继位就“率众寇灵州，杀掠人吏”，多次侵扰唐朝边境。天册万岁元年（695）默啜来降，武则天十分高兴，“突厥默啜遣使请降，太后喜”，默啜被“册授左卫大将军，归国公”，“明年又加授迁善可汗”。万岁通天元年（696）契丹首领李尽忠、孙万荣叛唐，武则天派兵讨伐不利，默啜借机进犯凉州，后又“请为太后子，并为其女求昏，悉归河西降户，帅其部众为国讨契丹”[②]。为安抚默啜，武则天册立他为“颉跌利施大单于立功报国可汗”。第二年，默啜又向武周索要河曲六州降户数千帐，单于都护府之地，以及粟种十万斛、农器三千具及铁数万斤[③]，武则天又一一应允。唐曾在河曲丰、胜、灵、夏、朔、代等州安置原东突厥降户，单于都护府则在今内蒙古自治区和林格尔县北[④]。

---

① 薛宗正．唐金山都护府钩沉，新疆师范大学学报（哲学社会科学版）1985 年第 1 期，第 31 页。

② 王守青．武则天与北庭都护府，历史教学 2001 年第 10 期，第 22 页。

③ 王守青．武则天与北庭都护府，历史教学 2001 年第 10 期，第 22 页。

④ 铁木尔·达瓦买提主编．中国少数民族文化大辞典·综合卷，北京：民族出版社 1999 年版，第 205 页。

《新唐书·突厥传》记载：“默啜负胜轻中国，有骄志，大抵兵与颉利时略等，地纵广万里，诸蕃悉往听命”，随着默啜势力的日益膨胀，西域逐渐成为东突厥重要的经略区域[①]，唐王朝的统治再次受到突厥威胁。

吐蕃是另一个与唐争夺西域控制权的实力政权，它一直想要吞并西域，与唐极力争夺安西四镇。垂拱二年（686）唐不敌吐蕃大兵，主动撤离四镇。武则天于永昌元年（689）、天授元年（690）接连任命韦待价、岑长倩为安息道大总管和武威道行军大总管，出兵讨伐吐蕃，均以失败告终。长寿元年（692）吐蕃内部分裂，吐蕃党项部落万余人内附武周，后吐蕃酋长易苏率部落也请求内附。西州都督唐休璟建议朝廷趁此机会夺回四镇，于是武则天派出王孝杰为武威军总管，一举克复龟兹、于阗、疏勒和碎叶四镇，在龟兹复置安西都护府，西域交通又一次恢复，王孝杰升任为左卫大将军。696 年，默啜兵犯凉州的同一年，吐蕃也率兵攻凉州，并要求武周王朝从四镇撤兵，同时分割已经归属武周的十姓突厥之地[②]。“十姓突厥之地”指西突厥原来的十姓部落，实际上后期部落增多，不止十姓。由此可见，吐蕃进占西域的意图已经非常明显。

抵御来自西域东面和南面的两大军事力量，成为武则天巩固西域统治所面临的首要问题。武则天决定分安西大都护府，建北庭都护，《新唐书·地理志》记作武周长安二年（702）置，原属安西都护府的昆陵、濛池都护府等划归北庭都护府统辖。在今新疆北部的广阔地域增设一个都护府，是武则天于特定历史背景下因东突厥、吐蕃势力攻入西域而进行的制度创建，也是唐初以来西域战略的一个政策延续。景云二年（711），北庭都护府升为大都护府，与安西大都护府平级，分治天山南北[③]，成为唐控辖西域的两大军政管理机构。安西都护府主要负责防范吐蕃侵扰，北庭都护府则在西部分别牵制东西两侧的东突厥和突骑施，北庭都护府

① 盖金伟．“献俘礼”与“北庭大捷质疑”，西域研究 2010 年第 1 期，第 52—53 页。

② 王守青．武则天与北庭都护府，历史教学 2001 年第 10 期，第 22—23 页。

③ 薛宗正．唐金山都护府钩沉，新疆师范大学学报（哲学社会科学版）1985 年第 1 期，第 31 页。

统管着瀚海军、伊吾军、天山军，在安抚西突厥各部和保卫唐朝西部边境的同时，还有力地维护了丝绸之路的畅通。

安史之乱时，驻军抽调入关平乱，兵力大为削弱，可安西、北庭将士在孤立无援的情况下仍“泣血相守”。一直到兴元元年（784），安西、北庭两大都护府仍“控制西域五十七国及十姓突厥”，德宗贞元六年（790）北庭都护府为吐蕃攻陷，都护杨袭古南奔西州，从此废止。北庭大都护府解体之后，吐蕃占领的时间很短，不久回鹘代唐接管。元灭亡时，蒙古人往北往西迁徙，曾建立蒙兀儿斯坦汗国，史称别失八里国[①]，其疆域北面包括今额尔齐斯河流域和巴尔喀什湖以东以南地区，明末入清以后这一带又归准噶尔汗国统治。清代乾隆年间，平定准噶尔部之后，今喀纳斯自然保护区一带纳入乌里雅苏台定边左副将军辖区，光绪时设有阿尔泰办事大臣，直属理藩院，民国时期设布尔津县、哈巴河县至今。1980 年自然保护区设立。1986 年经国务院批准，喀纳斯自然保护区升为国家级自然保护区。

今天的人们惊讶于喀纳斯的美，红叶飘飞的白桦林，独特的小木楞屋，400 年来定居在喀纳斯湖畔的神秘图瓦人，这里的一切质朴静谧犹如世外桃源。这块历史上的西突厥旧地，前后分属唐安西都护府和北庭都护府，因骆宾王、岑参等人的诗文描绘，在金戈铁马的历史长河中却也多了一分诗意的浪漫和瑰丽。

鄱阳湖——饶州之幸与大明开国水战

鄱阳湖，在江西省北部地区，过去的人总认为古代彭蠡泽就是今天鄱阳湖的前身。1982 年，谭其骧院士和张修桂先生的文章《鄱阳湖演变的历史过程》发表于《复旦学报》以后，人们才知道鄱阳湖与早期彭蠡

① 薛宗正．唐轮台名实核正，新疆社会科学 1983 年第 4 期，第 138 页。

古泽无关，只是与西汉后期《汉书》中记载的彭蠡新泽有些关联，由彭蠡新泽南扩而形成，鄱阳湖经历了一个从无到有、从小到大的演变过程。鄱阳之名，隋唐以前未见有记载，南宋《舆地纪胜》饶州条下记载：“湖中有鄱阳山，故名鄱阳湖”，鄱阳山即今鄱阳县西北鄱阳湖中的长山，而“鄱阳湖”一名，大约自宋代开始取代彭蠡湖等称谓。鄱阳湖汇集了赣江、修水、鄱江、信江等河，是我国最大的淡水湖。鄱阳湖自然保护区位于鄱阳湖西沿，始建于1983年，地跨永修、星子、新建三县。

鄱阳湖

鄱阳湖所在的赣北地区，隋代分属九江、豫章、鄱阳三郡，唐属江南西道，沿湖设江州、洪州、饶州三州加以管辖。自唐以来，有关鄱阳湖景致的诗作便为数不少，初唐诗人沈佺期曾有“船如天上坐，人似镜中行”之句，大诗人李白则描绘为“开帆入天镜，直向彭湖东”，诗中的鄱阳湖湖水澄清，波平如镜，横亘在天地间，烟波浩渺，别有一番雄壮的气势。

伴随着唐宋以来江西一省的开发，鄱阳湖地区获得了空前的发展。北宋时这里迎来了一位著名的文学家，他就是被南宋著名的目录学家晁公武誉为“慨然有康济之志，作文章尤以传道为任”的范仲淹。宋仁宗景祐三年（1036）范仲淹上《百官图》指摘宰相吕夷简任人唯私，被吕诬为朋党贬至饶州（今江西省鄱阳县）任知州。这是范仲淹出仕以来第三次被贬，由他的《酬叶道卿学士见寄》一诗可以看出，他是怀着“一入谏诤司，鸿毛忽其身。可负万乘主，甘为三黜人”的无怨无悔来到饶州，从他给仁宗的《饶州谢上表》中也能看出，他说：“有犯无隐，惟上则知，许国忘家，亦臣自信。”[①] 在饶州，范仲淹也总结过自己为何屡遭

---

① 汪锋、王世元．范仲淹在饶州的诗歌创作，辽宁行政学院学报2007年第1期，第192页。

贬斥，在《鄱阳酬泉州曹使君见寄》一诗中他写道：“吾生岂不幸，所禀多刚肠。身甘一枝巢，心苦千仞翔。志意苟天命，富贵非我望。立谭万乘前，肝竭喉无浆。”[①] 可他丝毫不为仕途挫折的失意所苦，很快便投入到对饶州的治理。饶州的德兴县是宋代有名的采银基地，据《明一统志》、正德《饶州府志》等载，德兴县东有一银场，又名邓公山，宋仁宗即位不久，银场便山穴倾塌不再产银，百姓却仍受“银课”之苦，范仲淹视察以后立即上奏朝廷停罢银场，有人为此写诗称颂：“三出专城鬓如霜，一封奏罢邓公场。”范仲淹在饶州写就《郡斋即事》一诗，中有“人间祸福何须道，问者衰翁也自知”一句，其淡然质朴的心性与他被贬润州时“进则持坚正之方，冒雷霆而不变；退则守恬虚之趣，沦草泽以忘忧”的积极豁达，乃至十年之后《岳阳楼记》中“不以物喜，不以己悲”的人生观、进退观，可谓一脉相承。

北宋庆历六年（1046），范仲淹受好友滕子京之邀，为重修岳阳楼一事写文纪念，此时的他被贬于邓州任职，正经历自己人生中的“樯倾楫摧”，实实在在的“处江湖之远”。他 37 年宦海生涯几番被贬，以天下为己任的政治抱负和现实关怀却从不曾动摇，范仲淹所到之处皆赈济百姓，宋夏交战则领兵西北，庆历三年又倡导“新政”、心系家国。在《岳阳楼记》中写景抒情之余，范仲淹融入了自己的仕途阅历和人生理想，因正直敢谏而谪守多地的仕宦经历成就了他于《岳阳楼记》中的抒怀，成就了这篇千古传世的政治美文。后世对其推崇备至，金代诗人元好问曾评：“在布衣为名士，在州为能吏，在边境为名将，在朝廷则又孔子，所谓人臣者，求之于千万年间益不一二见。”[②] 饶州见证了这位著名的政治家、文学家勤于政事、体恤百姓的一言一行，他身体力行地做到了“处江湖之远则忧其君”。

---

① 诸葛忆兵．浩然之气不可及——论范仲淹的诗歌创作，江苏社会科学 2007 年第 2 期，第 165、166 页。

② 汪锋、王世元．范仲淹在饶州的诗歌创作，辽宁行政学院学报 2007 年第 1 期，第 192 页。

范仲淹在北宋景祐五年（1038）调离饶州，鄱阳湖畔的生活仅为一年有余，但他的“遗风余美”却让当地百姓感怀不已。据陈贻范《范文正公鄱阳遗事录》记载，在范仲淹离开饶州后的60多年里，当地百姓就为他建了3座祠堂，“立祠班春堂、天庆观、州学之讲堂，凡三所。由景祐距此仅六十余载，香火不绝，牲宰日盛。较以千人间，流泽之远，惠爱之被，独公一人而已矣。然公之遗风余美，实浃于物，每于民之去思，又岂止夫祠堂而已乎！”[①] 范仲淹对这一段任职饶州的经历也十分难忘，在《范文正集》中存有他留给饶州继任者的一首诗，诗名《怀庆朔堂》，庆朔堂在饶州旧州治内，他写道：“庆朔堂前花自栽，为移官去未曾开。年年忆著成离恨，只托春风管领来”，对饶州的眷恋和一片深情跃然纸上。范仲淹友人对此写有和诗数首，如陈希亮的“弱柳奇花递间栽，红芳绿翠对时开。主人当日孤真赏，魂梦还应屡到来”，以及魏兼“使君去后堪思处，庆朔堂前独到来。桃李无言争不怨，满园红白为谁开”等句[②]，陈希亮是北宋有名的清官，魏兼曾与范仲淹同在饶州为官。又据同治《饶州府志》记载：“宋景祐间范仲淹知饶州，指城外督军台北可为学基，谓‘湖为砚、督军台为印、妙果（寺）浮屠为文笔，建学于此，二十年可出状元’。”范仲淹在饶州是否建立州学史无明据，可他的这一愿望由庆历年间继任的张谭实现了。范仲淹为鄱阳湖畔的百姓及后世子孙留下了宝贵的精神财富，在他离任后，宋英宗治平二年（1065）饶州出了第一位状元彭汝砺，才学兼备而又正直无私，之后当地所出政坛人物也颇具范文正公风范，如赵汝愚，知枢密院事，官拜右丞相，一生敢于直言。

宋代江西正处于文化大繁荣的黄金时代，唐宋八大家中的欧阳修、王安石、曾巩都出自江西，正如杨万里在《诚斋集》中所云：“国朝文章之士，特盛于江西。”[③] 鄱阳湖以东的饶州地区，当地居民崇儒尚文，两

---

① 万萍．范仲淹与鄱阳湖，江西师范大学学报（哲学社会科学版）2012年，第104页。

② 万萍．范仲淹与鄱阳湖，江西师范大学学报（哲学社会科学版）2012年，第105页。

③ 刘锡涛．江西宋代人才地理研究，井冈山学院学报（哲学社会科学）2006年第1期，第55页。

宋人才辈出，研究江西人才地理分布的学者对此都有专门的论述和数量分析，饶州遥遥领先于其他地区。饶州人才繁盛的情形在南宋的地理志中就有记载，祝穆《方舆胜览》云饶州“其人喜儒，故其俗不鄙”。王象之《舆地纪胜》载：“江之东西冠带诗书，甲于天下，江南既为天下甲，而饶人喜事，又甲于江南”[①]。洪迈的《容斋随笔》引吴孝宗《余干县学记》云：“为父兄者，以其子与弟不文为咎；为母妻者，以其子与夫不学为辱”，饶州的人才之盛和崇儒风尚由此可见一斑。这种盛况与宋代江西官学的普及，以及私学的发达等都有着密不可分的联系。又据清同治《饶州府志》等志书所记，饶州的历史名人素来有“四洪”“二马”之谓。洪皓和他的三个儿子洪适、洪遵、洪迈，因政治上的地位和文史方面的成就，被后人合称为“四洪”；马廷鸾、马端临父子，被后人称为“二马”，马廷鸾勤政爱民，官至宰相高位，名重天下，马端临则是著名史学家，所著《文献通考》是中国古代典章制度的集大成之作，影响深远。在中国诗词史上占据特殊地位的姜夔，一生转徙江湖，却是饶州籍人士[②]，这位南宋著名的词人和音乐家，对诗词、散文、书法和音乐等无一不精，是继苏轼之后难得的艺术全才。饶州所出名人与其他江西籍文人一道，如群星闪耀般璀璨了两宋时期的文坛和政坛。

到了元朝末年，鄱阳湖又因一场大水战而永载史册，这次战争直接关系到大明王朝的建立，朱元璋因这场以少胜多的战役军事实力大为增强，也为他北上灭元奠定了重要基础。元末时，农民起义此起彼伏，红巾军是当时反元起义的主要力量，最初起于北方，由韩山童、刘福通率先揭竿而起。南方长江流域的徐寿辉也借红巾军名号起事，并在1351年称帝，国号天完，占有今长江中下游大部分地区，后陈友谅获徐寿辉信任，逐步掌握天完大权。元至正十五年韩山童之子韩林儿，被手下立为小明王，国号宋，都亳州（今安徽省境内）。朱元璋本人投靠的是郭子兴

① 刘锡涛．江西宋代人才地理研究，井冈山学院学报（社会科学版）2006年第1期，第57页。
② 万萍．范仲淹与鄱阳湖，江西师范大学学报（哲学社会科学版）2012年，第104页。

的红巾军，又听命于韩山童，郭子兴病逝后，小明王封朱元璋为左副元帅，实际上由他继承了郭子兴在军中的地位。1353 年高邮称王的张士诚则又属于另一股新兴的起义军势力，占据今杭州一带沿海地区和长江下游地区。

鄱阳湖水战开战以前，元军主力被红巾军牵制在北方，长江中下游的起义军反元之余，主要是朱元璋、陈友谅、张士诚这三股势力在互相交战和争夺地盘。朱元璋是当时实力最弱的一支，故高岱《鸿猷录》云其“论兵强莫如友谅，论财富莫如士诚”，刘展《国初事迹》一书载其“地狭粮少”。据《明太祖实录》，三人之中，张士诚占有的江浙地区最为富有，属于“民物蕃盛，储积殷富”之地。朱元璋则采纳“高筑墙，广积粮，缓称王”的建议，一直在暗地里偷偷壮大自己的力量。元至正十六年（1356），朱元璋打着小明王大宋旗号横渡长江，攻下了集庆路（改集庆为应天府，后建都名南京）。陈友谅因操控着天完政权，三股势力中属他军事实力最强，他往东又将势力扩张至安徽南部、江西一带，并联手天完名将赵普胜破安庆 、下池州。据《明通鉴》记载，为了拱卫应天府，朱元璋也想派兵攻取“上以规取安庆，下以规取太平”的战略要地——池州。当赵普胜以安庆为据点数次攻占池州、太平时，朱元璋深以为患，他不仅失去了一员大将俞廷玉，紧接着还要面对陈友谅如日中天的扩张态势，1358 年江西瑞州、吉安、抚州、赣州等地又接连被陈攻破[①]。除掉赵普胜成了朱元璋的当务之急，于是他采用反间计，借陈友谅之手杀掉了这个劲敌。据《明太祖实录》记载，朱元璋与陈友谅的争夺集中于其势力范围的西边一线，往东他还发起了对张士诚的进攻，先后攻克长兴、常州、宁国、江阴、常熟、徽州等地[②]，导致张士诚“步骑不敢出广德，窥宣、歙”，“舟师不敢溯大江，上金、焦”，最后张无奈投

---

① 黄德隆．从朱元璋陈友谅的决战看安庆所处的战略地位，安庆师范学院学报（社会科学版）1989 年第 1 期，第 101 页。

② 黄长椿．朱元璋和陈友谅争夺江西的战争，江西社会科学 1982 年第 2 期，第 108 页；陈梧桐．朱元璋战胜陈友谅、张士诚的经过和原因，武汉师范学院学报（哲学社会科学版）1984 年第 5 期，第 106 页。

降元朝。陈友谅眼见朱元璋势力坐大，一心想要消灭他，于是在 1360 年率军大举进攻朱元璋。在采石（今安徽省马鞍山市西南）时，陈友谅早就不甘心只当一个汉王，派人将徐寿辉锤杀，然后自立为大汉皇帝。据《明史・刘基传》，陈友谅称帝以后“潜遣人约张士诚侵建康”，急于联合张士诚一同消灭朱元璋。

经过数年的攻守和努力经营，朱元璋占有了皖南、浙东之地，实力已大为增强。他决定采用刘基的意见，集中优势兵力各个击破，最终统一南方。但率先攻打谁，朱元璋的阵营内出现了分歧，有人主张先打张士诚，“苏、湖地肥饶，欲先取之”，还因“张士诚近，富且弱”；反对的人认为“士诚切近，友谅稍远，若先击士诚，则友谅必乘我后”①。刘基力主先打陈友谅，《明史・刘基传》记载：“士诚自守虏，不足虑。友谅劫主胁下，名号不正，地据上流，其心无日忘我，宜先图之。陈氏灭，张氏势孤，一举可定。然后北向中原，王业可成也”，他对朱元璋细加分析了个中缘由。最终朱元璋采纳了刘基的建议，决定先攻陈友谅，再取张士诚。后世童承叙编纪太祖平陈友谅事，撰有《平汉录》一书，对比各方实力之后也十分认同刘基的判断，只因“友谅剽而轻，其志骄，士诚狡而懦，其器小，志骄则生事，器小则无远图。若先攻士诚，友谅必空国而来，是我疲于应敌，事有难为。先攻友谅，士诚必不能逾姑苏一步以为之援”②。刘基字伯温，是明朝的开国元勋，对陈友谅之战，他的分析十分准确而又独到，让朱元璋避免了两线作战。他本人非常符合中国古代对谋臣运筹帷幄、决胜千里的定位，也无怪乎民间流传“三分天下诸葛亮，一统江山刘伯温”的俗语。

① 陈梧桐．朱元璋战胜陈友谅、张士诚的经过和原因，武汉师范学院学报（哲学社会科学版）1984 年第 5 期，第 107 页；黄长椿．朱元璋和陈友谅争夺江西的战争，江西社会科学 1982 年第 2 期，第 109 页。

② 陈梧桐．朱元璋战胜陈友谅、张士诚的经过和原因，武汉师范学院学报（哲学社会科学版）1984 年第 5 期，第 107 页；黄长椿．朱元璋和陈友谅争夺江西的战争，江西社会科学 1982 年第 2 期，第 109 页。

鄱阳湖水战，这场号称中世纪世界上规模最大的水战，正式拉开序幕。1361 年朱元璋开始西征陈友谅，《明太祖实录》记八月攻下安庆，进占鄱阳湖口、江州，接着派兵克南康、饶州、建昌、南丰州等多县纷纷投降[①]。表面上看来，陈友谅兵力强壮，但队伍内部出现严重分裂，“友谅自弑徐寿辉，将士皆离心，且政令不一，擅权者多骁勇之将。如赵普胜者，又忌而杀之，虽有众，不足用也”。陈友谅的手下原属赵普胜旧部，恨陈杀赵，乘机投降了朱元璋；徐寿辉旧部同样不满陈友谅的杀主行径，明玉珍等人或自立为王、割据一方，或率地来降，投靠朱元璋。与之相反，朱元璋则因驰援刘福通，营救小明王，赢得了天下人的口碑。据《明通鉴》记载，元至正二十三年（1363），张士诚乘陈友谅、朱元璋两军交战之机，攻打在北方与元军激战失利的小明王。朱元璋力排众议，坚持“安丰破，则士诚益张，不可不救”，亲自前往安丰（今安徽省寿县）增援。朱元璋离开以后，陈友谅自以为抓住了有利时机，开始发动进攻，可惜他却未选择防守空虚的应天，转而错选了洪都（今江西省南昌市）为进攻地，并亲率 60 万大军猛扑过来。洪都守将朱文正，是朱元璋的侄儿，死守 85 天，留给朱元璋充足的时间回撤。徐达、常遇春、冯国胜、廖永忠、俞通海等大将随后纷纷赶到，兵力共计 20 万，在鄱阳湖与陈友谅展开激战。

朱元璋先至鄱阳湖口，分散兵力把守泾江口及南湖咀，斩断陈友谅退路，又调信州之兵守武阳渡以牵制陈军，自己率主力入鄱阳湖。陈友谅急忙撤洪都之围，东出鄱阳湖迎战，在康郎山水域与朱元璋遭遇[②]。朱元璋视察以后发现，陈友谅的巨舰用铁索连在一起，作战时根本不利于军队进退。于是朱元璋计划采用火攻战术来攻打陈友谅，并在事前进行周密部署。他将自己的战船分编成十一队（一说为二十队），配备了火

① 黄长椿．朱元璋和陈友谅争夺江西的战争，江西社会科学 1982 年第 2 期，第 109 页。

② 陈梧桐．朱元璋战胜陈友谅、张士诚的经过和原因，武汉师范学院学报（哲学社会科学版）1984 年第 5 期，第 108 页。

器、弓弩，让手下接近敌船时先发火炮，再射弓弩。据军事史专家研究，在鄱阳湖水战中，朱元璋首次使用了碗口铳等射击火器，充分发挥了火器威力①，当时他战船上所装备的铳炮应该是世界上最早的“舰炮”，朱元璋本人则是将火铳与冷兵器相结合而进行水战的战术理论创始人②。据《平汉录》记载，朱元璋下令“乘风纵火，焚其水寨舟数百艘，火炽十里之间，烟焰涨天，湖水尽赤”③。结果陈友谅的主力严重受损，战舰大部分被焚毁，已无力再战，其左右金吾将军又临阵倒戈，士气更为削弱。他原本已决定焚舟退兵，不料却被朱元璋识破，反被朱元璋写信一激：“以公平日之狂暴，正当亲决一战，何徐徐随后，若听我指挥者，无乃非丈夫乎”，陈友谅冲动之下杀光俘虏。在对待俘虏的问题上，朱元璋又一次反其道而行之，“命悉出所俘友谅军，视有伤者赐药疗之，皆遣还”，还下令“但获彼军，皆勿杀”，“又令祭其弟侄及将之战死者”，以达到彻底分化瓦解陈友谅军的目的。一个月之后陈友谅弹尽粮绝，派人到都昌抢粮，粮船却被朱文正一把火烧了，他只好率残部突围，试图从湖口突入长江，退回武昌。朱元璋早已命常遇春、廖永忠率人驻守，于湖口阻击，又令人攻下了蕲州（今湖北省蕲春县）等长江上游要地，防止陈友谅逃归武昌。陈友谅突围至湖口时遭到常遇春、廖永忠的猛攻，混乱中他中箭而亡，手下用小船载着他的尸首回到了武昌。鄱阳湖大战至此以朱元璋全胜而告结束④，后朱元璋西征武昌，又占领了湖南和湖北。朱元璋能够荡平诸雄、推翻元朝，建立大明帝国，鄱阳湖一役是一个重要的转折点，正如顾祖禹所说：“混一海内之业，肇于鄱阳一战。”

纵观鄱阳湖水战的整个过程，大家是不是有似曾相识的感觉？此前

① 中国军事后勤百科全书编审委员会编；常永祥主编．中国军事后勤百科全书·十四后勤大事记，北京：金盾出版社 2002 年版，第 45—46 页。

② 门岿、张燕瑾主编．中华国粹大辞典，北京：国际文化出版公司 1997 年版，第 122 页。

③ 黄长椿．朱元璋和陈友谅争夺江西的战争，江西社会科学 1982 年第 2 期，第 110 页。

④ 陈梧桐．朱元璋战胜陈友谅、张士诚的经过和原因，武汉师范学院学报（哲学社会科学版）1984 年第 5 期，第 109 页；门岿、张燕瑾主编．中华国粹大辞典，北京：国际文化出版公司 1997 年版，第 122 页。

研究者经分析后认定，《三国演义》中的“草船借箭”是作者罗贯中依据历史素材而进行的艺术创造[1]。与之同时，又有人将赤壁之战中的火攻战术与鄱阳湖水战相提并论，推测罗贯中的赤壁水战便是以鄱阳湖之战为原型，结合《三国志》里的零星记载加以创作的。因罗贯中生卒年待考，《三国演义》成书年代也无法确知，目前此书所能追溯到的最早版本是明嘉靖年间的《三国志通俗演义》，即文学史和版本学领域俗称的“罗本”“嘉靖本”，学界一般将罗贯中生活的年代限定在元末明初。如果是这个时期，罗贯中对这场声势浩大的水战有所听闻自然不足为怪，更何况有研究者认为罗贯中曾投张士诚帐下，只可惜未获重用。

现如今，鄱阳湖成为长江流域一个重要的自然保护区，每年秋末冬初，从遥远的西伯利亚、蒙古等地会飞来成千上万的候鸟，来此过冬，一直到下一年的3月才离开。保护区内鸟类已达200多种、上百万只，其中珍禽20多种，已是世界上最大的鸟类保护区，被人们称为“珍禽王国”。这里的白鹤多达2000多只，是迄今发现的最大群体，又被人誉为“白鹤王国”，是中外游客冬季观鸟旅游的最佳天地。有趣的是，鄱阳湖是吞吐性湖泊，每年4月汛期开始，湖水上涨，最大面积能够达到4600平方公里，到了10月以后的枯水期，水位又会大降，湖水面积缩减至500平方公里左右，大片显露的洲滩成为了候鸟们觅食的乐园。历经沧海桑田的变迁，鄱阳湖却一直生生不息。

---

① 乔凤岐．草船借箭：真实的素材、艺术化的智慧，兰台世界，第132页。

第二章　人物·地名

神农架——“神龙皇帝”与庐陵事业

经历了地球的沧海桑田，神农架保留着自中生代侏罗纪以来形成的各类珍禽异兽和奇花异卉，是一个古老物种的“避难所”。这里有金丝猴、华南虎、金钱豹等54种国家重点保护野生动物；珙桐、光叶珙桐、连香树、水青树等25种国家重点保护野生植物。神农架山中矗立着被人们当作神树来供奉的千年杉王。在这里你还会看到有“活化石”之誉的中国鸽子树——珙桐，它花奇色美，宛如一只只纤尘不染的白鸽栖息在绿叶间。

传闻这个富有神秘色彩的高山地区一直有“野人”出没，据说已有很多人多次目击过一种似人非人、似猿非猿的奇异人形动物。20世纪70年代末，我国历史上第一支“奇异动物考察队”成立以后就对神农架的“野人”进行了科学考察，可惜“野人”的真面目至今没有展现在人们面前。实际上，神农架“野人”之谜在清朝一些著作中早有记录。清代袁枚所编《新齐谐》记载：“湖广郧阳房县有房山，高险幽远，四面石洞如房。多毛人，长丈余，遍体生毛，往往出山食人鸡犬，拒之者必遭攫搏。以枪炮击之，铅子皆落地，不能伤。”从对“毛人”的描述来看，当地人对“野人”的活动和习性有一定的了解。

1970 年在湖北省西部，以房县、兴山、巴东三县的交界地带为中心设立了神农架林区，这是我国唯一一个以“林区”命名的行政区。作为长江和汉水的分水岭，神农架也是华中最大的原始森林和国家级自然保护区，它还有一个气派的称号——华中屋脊，因为神农架最高峰神农顶海拔高达 3105.4 米，为华中第一高峰。相传远古时神农氏曾在这里采药，因山峰陡峭需搭架才能上山遍尝百草，遂有“神农架”之名。神农架在医药界有“药材宝库”之称，其中又以“头顶一颗珠”“江边一碗水”“七叶一枝花”和“文王一支笔”四种草药最为知名，如：药名形象雅致的“文王一支笔”可以生肌、镇痛、止血，用来治疗胃痛、痢疾、外伤出血等症。这里稀有草药众多，备受医家瞩目，流传着神农采药的传说倒不足为奇。

神农顶

神农架林区及附近各县地处荆襄大地，在楚风的相濡浸染中人们独具浪漫与自由的想象。名闻遐迩的香溪，又名乡溪、昭君溪，在今湖北省兴山、秭归二县东，与西汉的绝代佳人王昭君有关。香溪有东、西两源，都出自神农架林区，后汇于兴山县城西北，南流经兴山县城西，称香溪，至秭归县东南香溪镇入长江。相传昭君曾临水而居，常在这条溪中洗手，溪水香气四溢，所以叫香溪。香溪中有一种美丽生物——桃花水母，古人称之为桃花鱼，形如伞状，色泽透明，在水中一张一缩，忽上忽下，悠然漂荡，如同朵朵桃花在水中徐徐绽放。据说桃花鱼常出现在桃花盛开的时节，桃花凋谢它也随花消逝。清朝杨裕曾写过一首《桃花鱼歌》，主角便是这种水中的小精灵，诗中写道：“春来桃花水，中有桃花鱼。浅白深红画不如，是花是鱼两不知。花开正值游鱼嬉，鱼嬉转移花影移。渔人不敢下钓丝，怕逐春风上旧枝。”诗人“是花是鱼两不知”的困惑，读来令人顿觉妙趣横生。相传昭君出塞前回乡省亲，当她乘船泪别家乡父老时，岸边桃花纷纷凋落水中变成桃花鱼，簇拥着将船围住，不忍佳人离去。斯人长逝，却风韵千古，幻化在香溪的一草一木间，让人思绪联翩，无限遐想。

唐武德元年（618）曾置房州，治所最早在竹山县，贞观十年（636）徙治房陵县（今湖北房县），管辖今湖北房县、竹山、竹溪、保康等县，以及神农架林区北部。武德二年所置归州，治所在今湖北省秭归县西北的归州镇，辖境相当于今天的秭归、巴东、兴山三县地。唐中宗李显，高宗的第七子，曾被流放到房州。关于“神农架”的得名，有观点认为与李显有关。他的年号为“神龙”，《新唐书》载：“（景龙元年）八月，上尊号曰：应天神龙皇帝。”后来他被妻女毒死也是在神龙殿里，《旧唐书》记：“（景龙四年）六月，帝遇毒，崩于神龙殿。”李显离开房州以后，回去当了“神龙皇帝”，为了纪念他曾驾临此地，当地开始出现“神龙架”一名，后“龙”讹为“农”。在清代方志中，“神龙架”和“神农架”都有记载。光绪《兴山县志》载：“白沙水以西之山，出自神龙山，北隶房县，西隶巴东，南隶兴山，为三邑界山，一名神龙架，高寒为一邑最，幽深险阻，多猛兽、产百药。”同治《兴山县志》又云：“老君山其最高处曰神农架，悬崖削立，林木蒙茸，人迹罕至。”到了民国时，《兴山县志》记为“县西北之神农架，县境第一高山也，神农山脉出四川……入县境为神农山，一名神农架山”。考虑到龙和农发音上仅是“l”和“n”之差，再结合李显流放此地的经历，研究者认为应当是神农氏的名声后来逐渐盖过了唐中宗李显，“神农架”一名才逐渐固定下来。

李显来到房州是在他第一次当上皇帝被废之后，即位不到 3 个月，他便被武则天赶下台。据《资治通鉴》记载，唐高宗去世以后，李显柩前继位，立妻子韦氏为皇后，提拔韦后的父亲韦玄贞为豫州刺史，又“欲以韦玄贞为侍中，欲授乳母之子五品官”。大臣裴炎认为不妥，力谏不可，中宗怒曰：“我以天下与韦玄贞，何不可！而惜侍中邪！”武则天得知后十分恼怒，立刻“集百官于乾元殿，裴炎与中书侍郎刘祎之、羽林将军程务挺、张虔勖勒兵入宫，宣太后令，废中宗为庐陵王，扶下殿”。中宗不甘心，问武则天：“我何罪？”武则天回答：“汝欲以天下与韦玄贞，何得无罪！乃幽于别所。”这一年是公元684年，此前武则天已先后废立太子李忠、李弘、李贤三人。李显先被发配至房州，后转到均州（约今湖北省丹江口、十堰二市和郧县），来年三月又被转回房州，并在那里一直待了整整13年。在房州，李显不仅生活困苦，还要整日活在李唐宗室子弟惨遭杀戮的阴影下，“上每闻敕使至，辄惶恐欲自杀”。他对这种看不到尽头的流放感到绝望，妻子韦氏时常劝慰他：“祸福无常，宁失一死，何遽如是。”这位唯一陪伴在身边的亲人，就成了他最重要的精神支柱。《资治通鉴》也载这对患难夫妻“备尝艰危，情爱甚笃”。史载李显曾私下许诺韦氏：“异时幸复见天日，当惟卿所欲，不相禁御。”这也为李显后来的遭遇埋下了祸根。

在房州千里之外的洛阳，正值武则天晚期，朝廷中三派政治势力围绕着皇位继承展开激烈的斗争。外廷以狄仁杰为代表的拥唐势力，劝武则天召回李显。《资治通鉴》中，司马光认为大臣们之所以这样做，是出于“太后宠信诸武，诛鉏李氏，虽己子庐陵亦废徙房陵，故仁杰劝召还左右，以强李氏，抑诸武耳”的缘故。在内廷，据《旧唐书》记载，得宠的张易之、张昌宗兄弟，虽然一时“权势盛极”，连诸武也只能“候其门庭，争执鞭辔，呼易之为五郎，昌宗为六郎”，也不得不开始考虑“以宠盛，思自全”，为自己谋退路。据《新唐书》所载，吉顼为他们出了一个主意：“天下思唐久矣！庐陵斥外，相王幽闭。上春秋高，武诸王，非海内属意。公盍从容请相王、庐陵，以副人望？易吊为贺之资也。”张易之、张昌宗兄弟采纳了这个建议，“承间屡为太后言之”，虽同属迎李显回京，但目的与狄仁杰等人却完全不同。第三派势力便是武则天诸侄，但由于武承嗣一死，这派的势力大为削弱。武承嗣争太子之位失败，在长期“不得立为皇太子”之后“怏怏而卒”，而武三思、武攸宁又接连被免宰相官职，武氏诸侄不甘坐以待毙，也在紧张地谋划。二张此刻在立太子问题上极力排挤武周宗室，这种局面最终促成了武三思转而与李唐宗室的联合，两派全力支持中宗李显复位。经过各方斗争和长期努力，698 年武则天终于让步，召李显回京。李显终于能够离开房州，这段岁月虽然艰辛，却是他真正值得留恋的时光。在这里，他一生中唯一有机会远离权力斗争的舞台，他的妻女也还未被权力的欲望所侵蚀，甘愿与他一同抵御风雨困苦。

回到洛阳的李显虽贵为太子，但处境却没有因此而发生改变。他注重与武家修好，两个女儿都嫁给了武则天的侄孙，却不得不眼睁睁地看着一双儿女卷入权力之争。长安元年（701），他的长子李重润与妹妹永泰郡主、妹夫武延基（武承嗣之子），攻击张易之、张昌宗兄弟“出入宫中，恐有不利”，被二张诬为诽谤朝廷，结果武则天逼令三人自杀。“诛杀二张”也因这一事件成为李唐皇室和诸武的共同目标。705 年，张柬之、敬晖等 5 人发动政变，强行逼武则天退位，复唐国号，后人称为“神龙政变”，已年近 50 岁的李显再度为天子，张柬之等人也因复位有功，地位隆升。不料时间稍长，李显对这批功臣所谓“权倾四海，擅作威福，轻侮国章，悖道弃义”的权势颇为忌惮，在继位后不久，便以明升暗降的方式剥夺了他们的权力。敬晖请求将武氏诸王一律降爵，李显却认为“经国大纲，三思皆悉预告凶竖，虽不亲冒白刃，而亦早献丹诚，今若却除旧封，便虑有功难劝”，执意“宠用”武三思。敬晖虽迎立中宗有功，却因此触怒武三思等权贵，不仅被罢去相职，贬为崖州司马，而且在赴任途中还惨遭杀害。

二次为帝的李显开始了享乐生活，也逐步兑现当年在房州给韦氏许下的诺言。据《资治通鉴》记载："上数与近臣学士宴集，令各效伎艺以为乐。工部尚书张锡舞《谈容娘》，将作大匠宗晋卿舞《浑脱》，左卫将军张洽舞《黄獐》，左金吾将军杜元谈诵《婆罗门咒》，中书舍人卢藏用效道士上章。"有一次，"中宗与韦后微行观灯于市里，又纵宫女数千人出游，多不归者"，可惜纵情玩乐的生活却远远满足不了这个权力欲极度膨胀的女子。上官婉儿觉察出韦后的政治野心，"劝后行则天故事"。韦后则以武则天为榜样，处处加以效仿，"（韦氏）及再为皇后，遂干预朝政，如武后在高宗之世"；她曾奏请中宗"请天下士庶为出母服丧三年"；其党羽还利用谶纬之说大造舆论。《旧唐书》记右骁卫将军、知太史事迦叶志忠，曾上表："过去高祖未受命时，天下人歌唱《桃李子》曲；太宗未受命时，天下又歌唱《秦王破阵乐》；天后未受命时，天下又歌唱《武媚娘》曲；顺天皇后未受命时，天下又歌唱《桑条韦也》《女时韦也》，这都是受命之符。"景龙三年（709）中宗亲祀南郊，韦后参与陪祭天地这一国家重大的祭典，朝臣们激烈反对，却毫无效果。韦后这一切大张旗鼓为自己树立形象的举动，都是在为她登上帝位而做准备。

李显共有四子，与韦后所生长子李重润因私议张易之、张昌宗兄弟被武则天处死，其余三子都非韦后所生。次子李重福，因韦后将长子之死归罪于他，被贬至外地不许回京；三子李重俊，于唐神龙二年（706）被立为太子。韦氏欲专权，遂极力重点打击太子，而另一边，李唐宗室与武系诸王的斗争也从未停止，终于爆发了"李重俊兵乱"。武三思之子武崇训，娶韦后之女安乐公主为妻，两人倚仗韦后势力，常凌辱太子李重俊。《旧唐书》有载，武崇训甚至还"劝公主请废重俊为王，自立为皇太女"，重俊"不胜忿恨"，韦皇后和武三思也极力怂恿中宗废太子。707年，李重俊被逼之下，亲率左羽林大将军李多祚等人矫制发兵，杀武三思、武崇训及其亲党十余人，并引兵入宫。中宗与韦后、安乐公主躲至玄武门楼，急忙招抚李多祚部下："汝并是我爪牙，何故作逆？若能归顺，斩多祚等，与汝富贵。"千骑王欢喜等人倒戈，斩李多祚于玄武门下。这次宫廷政变距上一次李世民的“玄武门之变”，中间隔了 81 年。后来李重俊兵败被部下所杀。李、武相争两败俱伤，韦后坐收渔利，中宗之子只剩年幼的温王李重茂，这无疑为她的专权弄柄扫平了最后一道障碍。

韦后与安乐公主大肆卖官鬻爵，横行无忌，还公然干预朝政，培植自己的势力，《资治通鉴》记载：“安乐公主尤骄横，宰相以下多出其门。”朝中官员敢于直言者反遭残杀，《旧唐书·中宗本纪》有载：“（景龙四年）前许州司兵参军燕钦融上书，言皇后干预国政，安乐公主、武延秀、宗楚客等同危宗社。帝怒，召钦融廷见，扑杀之。”710 年，《旧唐书》记载安乐公主“志欲皇后临朝称制，而求立为皇太女，由是与后合谋进鸩”，李显被韦后和安乐公主合谋毒杀，司马光也认同此种说法。这位从小被权力裹挟着向前的太平皇子，一生未曾摆脱被至亲操控的命运。在他死后唐朝又迎来几次政局跌宕，临淄王李隆基联合太平公主诛杀了韦后及其党羽，最终自己又除掉太平公主，取得了政权。

《新唐书》对中宗李显的评价是“帝柔昏不断，又素畏太后”，他在位时宫廷宴饮游乐风气浓厚，后人普遍认为唐中宗一朝的统治乏善可陈，他是一个无所作为的帝王。可当时的政治现实是，武则天死后，武姓势力仍活跃于朝堂之上，他在位的 7 年是盛唐政局最为动荡的时期，除了武氏，李唐宗室、外廷官僚集团和后宫等各派势力都围绕皇权展开激烈争夺。稳定局面成为中宗李显的首要任务，有学者研究认为，中宗为维持朝政的稳定局面已是煞费苦心，只可惜最后失败了，所以正统史家对他“无为”“和事天子”的评判是有失公允的。也只有房州百姓记得李显的点滴恩惠，他重登帝位后曾免房州 3 年赋税。直到今天，有关他贬谪到此的传说故事，鄂西地区依旧广泛流传。

北宋景祐三年（1036），又有一位著名的历史人物来到今神农架之南的宜昌，他就是著名的文学家、政治家欧阳修。30 岁的他为范仲淹遭贬一事鸣不平，写下《与高司谏书》痛斥谏官，结果被贬至荆蛮小邑任夷陵令。在贬谪期间，欧阳修作的诗文达七八十篇，著名的《戏答元珍》

便是作于这个时期，诗人写道：“春风疑不到天涯，二月山城未见花。残雪压枝犹有桔，冻雷惊笋欲抽芽。夜闻归雁生乡思，病入新年感物华。曾是洛阳花下客，野芳虽晚不须嗟。”这是欧阳修颇为自得的代表作，具有鲜明的欧诗风格。古代鄂西地区的山水民情，史书并无详载，经由他的诗文才渐为人知。

在欧阳修留给后世的《夷陵县至喜堂记》中，他写道：“夷陵风俗朴野，少盗争。而令之日，食有稻与鱼，又有桔、柚、茶、笋四时之味。江山之秀美，而邑居缮完，无不可爱。是非惟有罪者之可以忘其忧，而凡为吏者，莫不始来而不乐，既至而喜也。”夷陵山水秀美，民风质朴，都使得欧阳修忘忧生爱，他开始思索如何才能“勿作戚戚之文”。他的心境历经“始惧后喜”和“至而后喜”的转变，当地太守为欧阳修“择其厅事之东以作斯堂”，他便将这个生活起居之所唤作“至喜堂”。欧阳修记录了许多有关宜昌的珍贵史料，他记述道：“州居无郭郛，通衢不能容车马，市无百货之列，而鲍鱼之肆不可入，虽邦君之过市，必常下乘，掩鼻以疾趋。而民之列处，灶、廪、匽、井无异位，一室之间上父子而下畜豕。其覆皆用茅竹，故岁常火灾，而俗信鬼神，其相传曰作瓦屋者不利。”欧阳修以史学家的眼光留心观察，并将这些风俗置于更为广阔的历史背景中加以考察，积极探求“夷陵者，楚之西境，昔《春秋》书荆以狄之，而诗人亦曰蛮荆，岂其陋俗自古然欤?”清人为东湖县（今湖北省宜昌市）纂修县志时，对欧阳修夷陵诗文的文献价值曾有高度评价，东湖县令在序文中说道：“宋欧阳子令夷陵……备载其江山名迹之所以流传，人情物理之所散殊，土风习俗之所僻陋……后之宦夷陵者，采摭故实，皆得本六一诗文以资考据。”借着欧阳修的记载，纵使时光千年之遥，对古代鄂西地区我们依然有如亲历，对他不以夷陵蛮荒僻陋为忧，以及“可怜胜境当穷塞，翻使留人恋此邦”背后的情真意切也有了更深的体会和认识。

欧阳修在其《与尹师鲁书》中曾记载：“夷陵虽小县，然争讼甚多，而田契不明。僻远之地，县吏朴鲠，官书无簿籍，吏曹不识文字，凡百制度，非如官府一一自新齐整，无不躬亲。”他这种事必躬亲的亲民作风，还体现在深解农夫稼穑苦、为民祭神求雨上，这从他《求雨祭汉景帝文》中可见一斑。这位文坛宗师初来乍到，以为当地“雨泽颇时，民不至于不足”，当他出门考察，“见民稼之苗者荒在草间”，了解到“此月无雨，岁将不成”的旱情，顿时懊悔“民之事皆不能知”，斥自己为“至愚”。通过之后的四处探访，欧阳修终于弄清楚，“前所谓雨泽颇时者，徒见于城郭之近，而县境数百里山陂田亩之间，盖未及也”。他向神明陈情，只因忙于“治民狱讼之不明”而“慢于事神”，祈求雨神不要因他一人而使得百姓受苦。欧阳修关心民瘼的一片赤诚，在当地百姓中传为千古佳话，正是缘于这样的仕途阅历，他再度为县令时才可以从容做到其《与焦殿丞书》中所谓的“周达民事，兼知宦情”。对此时正处而立之年的欧阳修而言，这样的历练成就了他事业的起点，重返朝廷之后的他积极投身于变革除弊的疾风骤雨中，行宽简，务农节用。袁枚在《随园诗话》中曾有“庐陵事业起夷陵，眼界原从阅历增”的评论，便是看到了这段经历对欧阳修思想境界、文史建树等各方面的深刻影响。

鄂西山水中，神农架是一个满布传说的神秘世界，这里留有唐中宗被废却能再度为帝的传奇，也愈发使得它的地名由来扑朔迷离；这一带的自然风光也曾深深抚慰了欧阳修这位著名文学家迁谪山乡的寂寞，成就了他清新诚挚的风雅篇章。如今神农架以其独特的魅力，吸引着无数人探寻它的神奇。

武夷山——理学宗师的武夷山水缘

武夷山自然保护区地跨福建省武夷山、建阳、光泽三市（县）交界处，北与江西省毗邻，因山貌雄伟和生物多样而闻名于世，早在19世纪初就以生物标本采集胜地而闻名于世，是我国世界自然遗产和文化遗产的双遗产地，素以“秀甲东南”“武夷山水天下奇”著称。保护区内拥有一大批极具观赏价值的丹霞地貌，宋代《太平御览》一书中就曾记载："岩石悉红紫二色，望之若朝霞。"

武夷山绵亘于武夷山市西南，武夷山市因山得名，其前身为崇安县，北宋淳化五年（994）设立，南宋属建宁府，元属建宁路，明清属建宁府。1928 年直属福建省，1989 年撤县改为武夷山市。关于"武夷"之名的由来，道教中有两种说法：南宋金丹派南宗著名传人白玉蟾，在《武夷重建止止庵记》中记古仙篯铿（即彭祖）居此山，且"有子二人，其一曰铿武，其次曰铿夷，因此遂名武夷山"；明代正一派天师张宇初则记作："昔有神人受帝命统录地仙，降于山巅，自称武夷君，山因此得名。"道家把武夷山列为天下三十六洞天的第十六洞天，武夷山道教宫观历史上有九十九观一说，现如今仅存武夷宫和桃源洞等数座著名的道观①。也有人称武夷山为古代闽越族的栖息之地，因首领名武夷君而得名，这种说法虽无实据，但古越人确实曾活动于此，考古发现武夷山中峭壁崖洞上存有 3000 多年以前的船棺——"架壑船"和"虹桥板"，这便是古越人崖葬习俗的遗迹。

架壑船棺

武夷山不仅见证了古代文明的消逝，还留有历时千年的摩崖题刻。自唐朝开始，武夷山的山峰崖壁间就保存了 700 多处摩崖刻石，题刻的

① 负信常．道教第十六洞天武夷山，中国道教 1989 年第 3 期，第 51—52 页。

内容丰富多样，使其在一众名山大川中独具魅力，是武夷文化的一大瑰宝。宋代理学家朱熹“鸢飞鱼跃”“智动仁静”等言简意赅的石刻，体现着他渴望与自然融为一体的精神境界，让游人在灵动的山水间感受那空旷悠远的中国文化。一代名将戚继光也曾为这番山水驻足，留下“他年觅取封侯印，愿向君王换此山”的夙愿和感叹，因他的题诗，九曲溪的宛转柔美平添了几分气吞云海的豪迈。

这座福建第一名山“不独以山水之奇而奇，更以产茶之奇而奇”，绝壁岩缝之中岩岩产茶，所产茶叶一向以香气馥郁、味醇回甘而深得人们喜爱。唐朝徐夤称赞该茶“臻山川精英秀气所钟，品具岩骨花香之胜”，武夷岩茶遂得“岩骨花香”之誉。到了宋代，苏轼则有“武夷溪边粟粒芽，前丁后蔡相宠加”的歌咏，范仲淹却将其视作“武夷仙人自古栽”，赋予这种“溪边奇茗”以神奇的想象[①]。一生与茶结缘的清代文学家袁枚，在《随园食单》中对武夷岩茶大加赞赏，他品茶时会“先嗅其香，再试其味，徐徐咀嚼而体贴之”，该茶“果然清香扑鼻，舌有余甘”。袁枚在饮茶中追求“一杯之后，再试一二杯，令人释躁平矜、怡情悦性”的精神享受，深觉“武夷（茶）享天下盛名，真乃不忝”[②]。民国《崇安县志》载，“武夷茶始于唐，兴于宋元，衰于明，复兴于清”，具有悠久的加工历史，是较早输往海外的中国茶。清代以后茶叶贸易大兴，武夷山也因此留下了许多有关茶叶生产和贸易的刻石告示，在这些碑刻中曾提到：“武夷乃自古名山，闽中胜迹，向有高人栖隐。现今僧众焚修樵赖产茶，以资清供自宜，官民无扰”[③]，足见武夷山茶的加工经营，山中僧道都参与进来。武夷山茶生产加工完之后，会经江西铅山县的河口镇，由水路南下运往广州，这里是清朝对外贸易的唯一窗口，然后再陆续到达世界各地[④]。

---

① 汤一编著．茶品．杭州：浙江大学出版社 2003 年版，第 93—98 页。
② 巩志．清代著名诗人袁枚与武夷岩茶，农业考古 2000 年第 4 期，第 309 页。
③ 陶德臣．从碑刻资料看武夷山茶叶生产情况，农业考古 2010 年第 5 期，第 359 页。
④ 黄贤庚．乌龙茶起源于武夷山原由初探，农业考古 1999 年第 2 期，第 247 页。

钟灵毓秀的武夷山间奇峰耸立、碧水潺潺，古往今来吸引了无数文人墨客在此流连吟咏，陆游有“少读封禅书，始知武夷君。晚乃游此山，秀杰非昔闻”的游历之作，其余如辛弃疾、萨都剌、刘基、王守仁、徐渭、施闰章和朱彝尊等历史名人，都曾为武夷山留下纪游诗文。而朱熹却与他们不同，并非短暂的停留，从 14 岁开始，他便在这里拜师学习。1130 年，朱熹出生于父亲任上，南剑州的尤溪县（今属福建省三明市）。朱家祖上原为婺源著姓，其父朱松为北宋末进士，是宋南渡以后知名的诗人，因反对秦桧主和而被逐出朝廷。父亲病逝以后，朱熹遵照父亲遗命，随母迁居武夷山五夫里，投靠武夷三先生——籍溪胡宪、白水刘勉之、屏山刘子翚，自此与武夷山一生结缘。朱熹在这里得遇名师，“其传道切磋之人，俱非天人之所易姤也”，武夷三先生学问渊博，并与当时的名僧宗杲、道谦、圆悟等人交往甚密，其中宗杲本人的看话禅便是宋代禅学的主流，他也因此受到常人无法比拟的全面教育①。朱熹平日学习以儒家经典为主，但因三先生的引见，与名僧结识后对佛老也时有问津，他自述中“出入于释老者十余年”，所说的正是这个时期。在修禅习定中，15 岁的他“亦尝留心于此（禅）”，“理会得个昭昭灵灵底禅”，在应举之前，也曾动过“书册埋头无日了，不如抛却去寻春”而醉心于禅学的念头。朱熹更是凭借初生之犊的勇气，致书禅宗大师宗杲“天心问禅”，为后世留下“年来更惑青苔路，欲扣天心日不撑。几度名山云作客，半墙禅院水为僧”② 的佳话，并与宗杲大师结为忘年之交。此外，武夷山道教繁盛，道教宫观在山中星罗棋布，朱熹与道士的交往也十分密切，且在这一方蝉蜕仙化的洞天福地里，沾染了道家安性自适、超脱世外的风骨③。除了名师相伴，朱熹自身学习也异常刻苦，《朱子语录》载：“某旧时亦要无所不学，禅、道、文章、楚辞、诗、兵法，事事要学”，

---

① 李尾咕．朱熹山水心探源，中北大学学报（社会科学版）2012 年第 5 期，第 77 页。

② 李尾咕．朱熹山水心探源，中北大学学报（社会科学版）2012 年第 5 期，第 78 页。

③ 冯兵．朱熹在武夷山与道士交游事迹略考，华北电力大学学报（社会科学版）2011 年第 4 期，第 94 页。

时常三五夜不眠，才为以后的治学打下了牢固的基础。

朱熹一生痴情于武夷山水之美，这位儒家“道统”谱系中的重要人物，几乎将全部的时光花在此地求学交友、著书立说和传道授业，应邀与朱熹一同入武夷寻胜的辛弃疾曾感慨：武夷山水之乐“悉为元晦之私也”（朱熹字元晦）。南宋罗大经《鹤林玉露》记载：“朱文公每经行处，闻有佳山水，虽迂途数十里，必往观”，朱熹这种追求山水之美的审美意趣，与他在武夷的生活经历有关，也离不开小时候父亲的熏陶。朱熹的父亲每次外出游历，或与友人诗词酬唱往来，都会带着他一同前往。有一次在福建任上，朱松携幼小的朱熹到晋江安海观海，并作诗曰：“今年中秋月，并海窥涛澜。坐看郁蓝天，突涌白玉盘……停杯玩飞辙，河汉静不湍。痴儿亦不眠，苦觅蛙兔看。”[①] 这首赏月诗极富画面感，朱松浓浓的舐犊之爱，以及与幼子共享天伦的美好都跃然纸上。黑色的天幕映衬下，孤悬着一轮满月，月色下一个依傍在父亲身边的孩童，刚听完白玉蟾宫里玉兔捣药的传说，全然不顾夜已深沉，仍在执拗地找寻月宫中的蟾蜍玉兔。假如时光定格在这一刻将是多么美好，只可惜朱熹与父亲相伴的时间不过短短 14 载。朱松去世后“公卒，贫不能归”，朱熹母子二人靠着别人收留才得以生存，从这些情形看来，他为官十分清廉，家无余财，真正算得上是一贫如洗。朱松刚正秉直的形象，想必在朱熹年幼的心中刻下了深深的烙印，诗集中朱松常以梅花品性自况，“寒崦人家碧溪尾，一树江梅卧清流。仙姿不受凡眼污，风敛天香瘴烟里”，他的一生，留给朱熹无尽的精神财富。联想到朱松临终前的嘱咐，让朱熹投靠武夷三先生，可见这位父亲的良苦用心，虽然自己一生有志不能伸，但同天下所有父母一样，希望聪颖却少年失怙的儿子能在武夷山学有所成。

武夷山之所以能够成为我国的世界双遗产地，与朱熹有很大的关联。作为儒、释、道三教名山，武夷山却是因朱熹名动天下，成为继泰山之

① 李尾咕．朱熹山水心探源，中北大学学报（社会科学版）2012 年第 5 期，第 78 页。

后又一重要的文化发祥地，被世人誉为“道南理窟”“海滨邹鲁”。朱熹为此地留下了著名的诗篇《九曲棹歌》，武夷山中他发出了“桑田沧海今如许，泡沫风灯敢自怜”的感慨，一如孔子“逝者如斯夫”的喟叹[1]。朱熹在武夷山生活、著书、讲学长达 40 余年，任官的时间仅 9 年，在朝 40 日。世人眼中的“亚圣”，为何在武夷山选择了近乎隐逸的生活呢？这还得从朱熹坎坷的仕途经历讲起。

九曲溪

南宋乾道、淳熙间学派林立，空前活跃，学术论争也十分频繁。当时朱熹的格物致知之学、陆九渊的心学、唐仲友的经制之学和陈亮的事功之学，都是当时知名的派别，当然朱学最盛[2]。朱熹的仕途中辍，与弹劾唐仲友一案有关，这段历史上有名的公案涉及到多人，事件因唐仲友与陈亮之间的矛盾而起。陈亮此人，据《宋史》本传记载颇有才气，喜谈兵，善议论，算当时一任侠之士。但他对于自己学问上的短板，认识比较清楚，承认考证功底远不如朱熹、吕祖谦、唐仲友等人。在一次太学公试中，唐仲友明知陈亮学问粗疏，却在出题上故意刁难，甚至将陈亮答卷遍示考官加以取笑，陈亮深以为耻。朱熹却正相反，并不轻视陈

① 邓维明．从“武夷棹歌”浅析朱熹的山水审美观，三明学院学报 2012 年第 3 期，第 68 页。

② 王承略、杨锦先．论朱熹与唐仲友间的一桩公案，烟台师范学院学报（哲学社会科学版）2000 年第 1 期，第 23 页。

亮。有一次，陈亮游至台州，与一官妓严蕊相好，便请时任台州知府的唐仲友帮忙，为该名女子“脱籍”。唐仲友表面答应，私底下却转而劝说严蕊跟了陈亮可能会生活无依，严蕊因此回绝了陈亮。陈亮后来得知个中原委，又发现了唐、严二人早已相好，他十分恼怒，一直寻机报复。1182 年七月，台州受灾，朱熹以浙东常平茶盐公事的身份来视察，半路就遇逃荒流民，本已不悦。遇上陈亮后，陈挟私说了唐仲友不少坏话，朱熹进一步调查，又确证了唐的许多不端行为。七月十九日，朱熹立即向朝廷递交弹劾唐仲友的奏折，二十三日寄出第二份，二十七日第三份……前后一共上了六道弹劾状。

整个事件愈演愈烈，当时的宰相王淮与唐仲友既是同乡，又是姻亲，朱熹为了彻底查办唐仲友，在第四道奏状里，直指王淮有庇护偏袒之嫌，后来宋孝宗也有所听闻。为了尽快了结此事，开罪于孝宗，王淮以一句“秀才间争闲气罢了”来敷衍，差点将事情压制下来。于是朱熹又提出将唐仲友一事“备体究官定案之用”，皇上对这个建议也颇为冷淡，令他失望不已，“退而奉祠，杜门不出”。学者研究认为，从朱熹历数唐仲友的罪状来看，二人的根本矛盾在于，为学驳杂而又重实用功利的唐仲友，所作所为实在有违朱熹所认同的儒学基本原则。当台州连年荒旱之时，唐仲友擅自将缴纳夏税的终限期提前两月，并派酷吏向农户催逼前两年的欠税；将官钱换成会子（纸币），担回婺州老家数万缗；挪用公使库的钱来染造真紫色帛，在自家开设的彩帛铺中售卖；动用官粮酿酒出卖，每年营业额达 10 万多贯，所得利息大半归己[①]；而且还巧立名目，私设关卡收税。朱熹难以容忍居官无功而致民流离失所的行径，所以抓住与营妓有染等节行有亏之事大做文章，“六弹”唐仲友。

在这场公案中并无赢家，唐仲友名声扫地，因许多文人的笔墨渲染，朱熹本人则清誉有损，形象到了后来甚至被严重扭曲。在《夷坚志庚》

① 俞兆鹏．论朱熹按劾唐仲友事件——兼论朱熹的政治思想，江西社会科学 1991 年第 2 期，第 89 页。

中，洪迈虚构了朱熹与严蕊的事，只因朱熹曾批驳他肆意篡改国史等做法。宋人周密的《齐东野语》中，事情则记述为一代才女严蕊系狱数月，备受棰楚。到了狂放不羁、对朱子之学大加抨击的明人凌濛初手中，其《二刻拍案惊奇》一书，“硬堪案大儒争闲气，甘受刑侠女著芳名”的悚人标题下，朱熹成了偏执狠毒之徒。更有甚者，有人怀疑朱熹学术上对唐仲友存有嫉妒之心，才会对唐揪住不放。关于严蕊，已有许多人指出，她自己就供认过恃宠干涉公事，替人说情、收人财物等劣迹，她本人并非无辜之人，与志节坚贞也毫无关涉。而唐仲友这位16岁便中进士的奇才，从此默默无闻，为人称道的经制之学本应有所大成，可惜却因人废学，《宋史》无传，仅于《宋会要辑稿》《南宋馆阁续录》中有零星记载，反倒是因伪造货币、用公使库资财刊刻书籍这两项罪状，在史上留名。因伪造官会（即会子）而被发配到台州服役的犯人蒋辉，在唐仲友的威逼利诱之下，曾为他伪造官会和刻印书籍，从淳熙八年（1181）十二月中旬至次年六月，先后22次，共印造“一贯文省”会子2960余道[①]。说到刻书，朱熹生活的福建建阳一带盛产竹纸，加上宋人南渡文化重心转移等因素，这里是南宋及元明两代一个很有名的刻书中心，朱熹本人也曾雕刻书版，但刻书成就比不上唐仲友。在任职台州时，唐仲友于淳熙八年给后世留存了一部“雕镂之精，不在北宋蜀刻之下”的《荀子》，这部书人称“宋椠上驷”，现日本尚有藏本，举为国宝。这场公案最终以朱熹辞官、唐仲友免职而结束，千载之下，在一旁煽风点火，充当不光彩角色的陈亮，最该遭受谴责，却恰恰被众人遗忘。

此次奏劾唐仲友事件，朱熹一身正气，不畏权势，表现出了崇高的操守和气节，加上反对议和、劝谏皇上无果等诸多因素，都使他愈发感觉到提倡道学的必要，他逐渐对朝野之事心灰意冷，萌生了退隐的念头。后来发生的政治斗争，最终促成他彻底远离朝堂，寄情山水，追慕飘然

① 俞兆鹏．论朱熹按劾唐仲友事件——兼论朱熹的政治思想，江西社会科学1991年第2期，第89页。

尘世之外的武夷道家风情。朱熹弹劾唐仲友一案看似结束了，可狂风骤雨式的庆元“伪学”之禁，才刚刚拉开序幕。据《宋史》记载，吏部尚书郑丙为了迎合因朱熹弹劾案而颜面受损的宰相王淮，大肆攻击朱熹，“近世士大夫有所谓‘道学’者，欺世盗名，不宜信用”。被王淮提拔起来的监察御史陈贾也附和叫嚣：“道学之徒，假名以济其伪，乞摈斥勿用。”① 宋宁宗庆元元年（1195），以外戚韩侂胄为首的当权官僚派们，大兴“伪学之禁”，几乎将朱熹置诸死地。在这场风波中，还出现了一个叫高文虎的人，他曾任台州通判，因才不如唐仲友，备受欺凌。在朱熹第一次弹劾唐仲友期间，他趁机添枝加叶，说了唐仲友许多坏话，而当韩侂胄用事，驱逐朱熹、赵汝愚时，高文虎在给宁宗草拟的诏谕中建议对“伪学”施以重手，“若其遂非不诲，怙终不悛，邦有常刑，必罚勿赦！”朱熹的“道学”变成“伪学”，一开始表面上还是学术之争，到后来“伪学”成了“伪党”，继而又变成“逆党”，其学说彻底陷入政治斗争的泥沼。右谏议大夫姚愈攻击诬陷“道学”与权臣结为“死党”，窥伺神器，给朱熹安的这个罪名幸亏是在不杀谏官和文臣的宋代，尽管也确实有人建议杀了朱熹，“选人余嚞上书乞斩朱熹，以谢天下”，结果终于还是因赵宋一朝开明的祖宗家法，朱熹得以躲过一劫，保全了性命。唐仲友诚然远非德性美善之人，但说到底只是个恃才放旷的读书人，论及攻讦倾轧，手段远不如高文虎、姚愈之流。从此，南宋朝堂之上少了一个仕途平顺的良吏，却给后人留下一位修成圣人的旷世大儒。

1183 年，朱熹回到了武夷山，“闲去披襟弄清泚，静来合眼听玲珑”，恣意徜徉在自己的理学世界里，并且广注典籍，对经学、史学、文学、乐律，甚至自然科学都有不同程度的贡献，他精密分析的治学方法对后世学者影响深远。元代理学家熊禾称颂他为“孔孟后千五百余载，道未

① 王承略、杨锦先．论朱熹与唐仲友间的一桩公案，烟台师范学院学报（哲学社会科学版）2000 年第 1 期，第 23 页。

有如文公之尊”①，并且自元代开始，因统治者的关系，他与孔子比肩的地位逐步得到确立，遂有“周东迁而夫子出，宋南渡而文公生”的说法，而这些都已是朱熹身后之事。近代以来，形象扭曲之后的朱熹，在世人眼中是一个刻板、说教和不近人情的腐儒。但如果翻检朱熹的诗作，你会发现他见解独到，善于体悟，少有迂腐之气。他的诗在《朱子全书》中收录有1000余首，除了“等闲识得春风面，万紫千红总是春”和“问渠那得清如许，为有源头活水来”的名作，以及“欲识分时异，应知合处同”的豁达，在圣人的外衣之下，他也曾有过“悠悠长路歧”的迷茫和感叹。宋绍兴十七年（1147）秋，朱熹中举，次年春登进士，被朝廷授以同安县主簿一职，但直到绍兴二十一年，他仍在家中待次，等待补缺。在这段日子里，朱熹为生计不得不找一些事情来做。有一次奔波路过邵武县的途中，在秋风渐起、日暮寒沉的时节，他看到农人丰收的喜悦，想到自己前路未知，不禁惆怅莫名，留下了这样的诗句：“风色戒寒侯，岁事已逶迟。劳生尚行役，游子能不悲；林壑无余秀，野草不复滋；禾黍经秋成，收敛已空畦。田翁喜岁丰，妇子亦嘻嘻；而我独何成，悠悠长路歧。”② 他并非一个固化的符号，而是一个有血有肉、感情丰富的人。今天的我们了解他、评价他，也应该更深入地“读懂”他，仔细聆听他来自800余年前的脉脉私语。

1200年，朱熹带着党禁迟早会解冻，正道必然大行天下的信念与世长辞。多年的辛苦钻研，他的身心已十分疲惫，左眼完全失明，右眼也十分模糊，直到去世前，他依然勤耕不辍③。这位“致广大，尽精微，综罗百代”的学者，留给后人的著作，据不完全统计共25种，600余卷，总字数在2000万字左右。钱穆先生总结朱子一生，认为他“出仕则志在

---

① 郑秀清．武夷山水铸诗魂——试论朱熹的武夷山诗作，福建金融管理干部学院学报1994年第3期，第68页。

② 杨斌、陈国代．行吟在武夷山中的诗人朱熹，武夷学院学报2005年第3期，第69页。

③ 朱伯骞．莫向人前浪分雪　世间真伪有谁知——纪念“亚圣”朱熹诞辰865周年，重庆文理学院学报（社会科学版）1996年第1期，第62页。

邦国，著述则意存千古”，实为公允。武夷山因朱熹成了理学的摇篮，由他一手创办的武夷精舍等书院在当时极具影响力，在他的带动下，仅宋元间先后就有40多位著名的学者，来到武夷山择基筑室，著述授徒，武夷山由道教名山又成为理学名山，他留下的文化遗存对今人研究朱子理学和儒学兴衰有着重要意义。17世纪日本江户时代，朱子理学成为日本官学，深刻地影响了东亚各国的政治文化，后来传入欧洲，发展为世界性学说。

武夷山，这座兼具绝妙美景和文化积淀的三教名山，如今吸引着全世界的目光。游历其间，领略着古朴的中国山水文化，心中便会存留一种萦绕不去的思念。

九宫山——明末闯王起义与殉难

九宫山，位于湖北省东南的幕阜山中段，在通山县境内，与江西省武宁县相邻。主峰老崖尖海拔1656.7米，被称为鄂南第一峰。

九宫之名从何而来呢？成书于北宋太平兴国年间、我国古代著名的类书《太平御览》引《武昌记》载：“九宫山，西北陆路去州五百八十里。其山晋安王兄弟九人，造九宫殿于此，山遂以为名。”南宋的地理著作《舆地纪胜》引《富川志》云：“九宫山乃伏虎禅师道场，其山自下而上高峰九层，故名”，对九宫之名给出了另外一种解释。《大明一统志》中又记为：“（九宫）山来自南岳、长沙、九江、庐阜九十九峰之数，宋张道清来往此山，建钦天瑞庆宫于上”，九宫山得名来由可谓众说纷纭。九宫山道教道场大兴于南宋，是闻名遐迩的道教圣地，起源于道士张道清入山开辟道场，建钦天瑞庆宫于山中。元代赵道一所著《历世真仙体道通鉴续编》一书，记载了这位湖广著名道士张道清的生平传记。张道清自幼神异，号称遇真人授以秘诀灵文，能祈禳旱涝、符水疗疾[①]，声名

① 任继愈主编．宗教大辞典，上海：上海辞书出版社1998年版，第1035页。

远扬。后四处云游访道，先后游京师、入巴蜀、下江东。南宋淳熙十年（1183）张道清入宫为齐安郡主治病，郡主病痊愈，孝宗感叹“真神哉”，其道术声名更显。张道清上九宫山的时间应为淳熙十四年，据南宋谢闻韶的《张真君传》所载，张道清见九宫灵坛湮废已久，愿将其辟为国家祷祈之地。在明成祖大兴武当山道场以前，九宫山一直是道教中心，在中国道教史上有着突出的地位。明正德年间，九宫山道场卷入江西宁王朱辰豪之乱，朝廷在平叛宁王之乱时烧毁了九宫山全部道场①。后来九宫道场屡建屡毁，如今已被开发为著名的避暑胜地，有青松迎客、云湖夕照、陶姚古洞、泉崖喷雪、云关石刻、虎伏天门、真君石殿、云海波涛八景。山中泉瀑众多，幽谷深潭随处可见，其中三潭一线天、大崖瀑布、金鸡石、九重天等景观雄伟壮丽，引人入胜。

九宫山最为知名的当属李自成殉难于此。1645 年李自成兵败一路奔袭，清兵紧追不放，从襄阳到武昌，长期跟随他的大将刘宗敏被俘，被清兵用弓弦勒死。当李自成率众南逃至江西境内时，他的叔父及总兵左光先等将领，在富池口均被清兵抓获，三个妃子被逼投江自尽。逃离富池口逼近九江时，李自成军再一次被清军击溃，他率残部万余人奔向通山县。到达九宫山下时，他又被清兵追上，经过重重突围原本已经甩掉追兵，却不料在小源口遭到当地团练组织的袭击。恰逢大雨，山路泥泞，他无奈单枪匹马力战当地程、金、朱三姓乡勇②。最终李自成用尽力气将头目程九伯打翻在地，正要挥剑欲斩，反被程九伯外甥用铲子杀害。大明王朝“万金之赏莫能购，十道之师莫能征”的杰出农民起义领袖李自成，就这样在楚赣之交的荒野中被残杀，时年 39 岁③，英雄末路之悲倍显凄凉。李自成的大顺军南撤路线不同，他自己同刘宗敏、田见秀、牛金星、宋献策等人带领东路军，李过、高一功等人带领西路军，直到李

---

① 青山．千古沧桑九宫山，百姓生活 2008 年第 10 期，第 62 页。

② 童恩翼．九宫山牺牲与“夹山为僧”辨证——五探李自成之死，武汉师范学院学报（哲学社会科学版）1984 年第 6 期，第 110 页。

③ 卜庆华．李自成最后的悲壮，地图 2005 年第 2 期，第 25 页。

自成牺牲时，东、西两路大军还未会师[1]。

这场轰轰烈烈的明末农民起义波及范围较广，许多明清之际的碑刻、家谱都有记录，仅河南一省，顺治年间的府、州、县志就有几十种涉及起义军的资料，与李自成军留下的遗物及活动遗迹一起，在学术界曾引发广泛的讨论[2]。而闯王的殉难地是在通山县还是通城县，在20世纪50年代，因一封给《历史教学》编辑部的读者来信还引发过一场争论。编辑部特请李文治先生写了考证文章，李先生致力于明末农民战争史，1937年中华书局出版过一部他的著作《晚明民变》。后来湖北师专历史学系和武汉大学历史学系都参与进来讨论，金毓黻先生将双方观点加以归纳并补充，证明李自成被杀害于通山县九宫山一说无误。《历史研究》于1956年将这些成果刊布，郭沫若也对题词于通城县及《甲申三百年祭》一文中的说法作了更正说明。通城九宫山一说来自于《绥寇纪略》，说李自成死于通城九宫山，同治《通城县志》记通城县南的锡山，又名九宫山。吴伟业的《绥寇纪略》是清初印行，他本人著作风行一时，后来还撰成《怀陵流寇始终录》《罪惟录》等，影响颇广，官修《明史·李自成传》采用了他的说法。顺治《通城县志》无李自成死于通城县的记载，同治《通城县志》则在《绥寇纪略》的基础上增加了些附会的内容。吴伟业不明地理，一字之差造成后人误解。《寰宇通志》《读史方舆纪要》《清一统志》等书中明确记载了九宫山位于通山县东南，而且这些文献中通城县南有锡山，但并无"锡山又名九宫山"的说法。顺治《通山县志》及当地的《程氏宗谱》等史料都证明了通山县六都人程九伯将李自成杀害，葬于九宫山下。康熙《通山县志》还有程九伯的小传，"六都人，顺治二年五月闯贼万余人至县，蹂躏烧杀为虐，民无宁处。九伯聚众，围杀贼首于小源口。本省总督军门佟嘉其勇略"。程九伯本人还得

① 顾诚．李自成牺牲的前前后后——兼评石门县为僧说，北京师范大学学报（社会科学版）1982年第2期，第41页。

② 王兴亚．建国三十五年来的李自成研究，郑州大学学报（哲学社会科学版）1984年第3期，第73页。

到了清政府的奖赏①，光绪《德安府志》中职官志“国朝经历”条下第一人即“陈九百，通山人，顺治二年任”，姓名稍误。金毓黻先生又结合徐鼒等人的辨证和《广虞初新志》的记载，费密的《荒书》中李自成被害的详细情节，以及王夫之的记载，南明湖广总督何腾蛟上明隆武帝疏等众多资料，确证李自成被害于通山县九宫山②。

李自成墓

李自成，字鸿基，陕西延安府米脂县人，是明末农民起义军最主要的领袖之一。明崇祯三年（1630），李自成在陕西米脂揭竿而起，后投奔高迎祥。崇祯九年，高迎祥被俘杀后，李自成被推为新的起义军领袖。崇祯十年冬，李自成围攻成都不克，第二年在潼关原遭明军伏击，几乎全军覆灭，他率部逃入陕南深山之中，与明军进行了顽强的斗争。可见，陷入全军覆没的无望境地，对于李自成而言，经10多年征战之历练当属寻常之事，可为何他偏就饮恨九宫山，后人对此进行了各种探究。

崇祯十三年河南饥荒，农民争附，起义军连下豫西南数州县。据《明史·李自成传》载，起义军军纪严明，宣布“官吏坐赃即铡斩，民盗一鸡者死”，“（行军）马腾入田苗者斩之”③。李自成“不好酒色，脱粟粗粝，与其下共甘苦”，深得将士之心。起义军得到广大中原人民的拥护

① 顾诚．李自成牺牲的前前后后——兼评石门县为僧说，北京师范大学学报（社会科学版）1982年第2期，第41页。

② 关于大顺军领袖李自成被害地点的考证，历史研究1956年第6期，第95—98页。

③ 韩长耕、向祥海．李自成死地、终年问题考，湘潭大学学报（哲学社会科学版）1981年第3期，第39页。

和支持，民间四处流传着“开了大门迎闯王，闯王来了不纳粮”的歌谣[1]。崇祯十七年正月，李自成建立大顺政权，年号永昌，李自成称大顺王，改西安为西京。三月十九日，大顺军攻破北京城，崇祯帝朱由检万念俱灰，自缢于煤山之上。这位君主比起许多亡国之君，他不昏庸，也不荒淫糊涂，一天到晚勤于治事，总想当一个中兴之主、英明皇帝[2]，试图打破明朝亡国这个历史大势，而结果却被逼死于煤山。相比于李自成“均田免粮”口号下的一呼百应，走在末路之时的崇祯已拼命抗争，却格外无力。李自成进入北京，只待了短短的42天，以往史书及坊间传闻对他在北京城里修建宫室、收罗美女、虐杀无辜的暴行，都是极力渲染，尤其是逼使吴三桂冲冠一怒为红颜，投降多尔衮，引清兵入关一节更是大书特书。但事实却并非如此，起义军初到北京坚守军纪，明朝政府上下无不争先恐后臣事大顺，以往记载都不同程度地夸饰了明朝遗老们殉明尽忠的事例，明朝在京官员有两三千人，实际上自杀的很少。原在明朝任地方官、北京陷落后一直在礼部任职的王孙蕙，在李自成进城的前三天，曾涕泪横流地向崇祯帝保证：一旦明朝亡了，他一定自杀殉国。可李自成进京后，王孙蕙“徐步中庭，若有所思，忽大笑，命家人取竹一竿，曳黄布一条，大书‘永昌黄帝万万岁’，揭灯于门，拉同乡人往迎”[3]。李自成对文武百官实行的政策是“四品以下者可留用”，“愿为官者量材擢用，不愿者听其回籍”，据统计当时被授予京职的有300余人，外派任职的有400余人[4]。李自成为崇祯举行礼葬，后又允许以帝礼祭，但故明诸臣往哭拜者无几，可以肯定地说，明朝的大小官吏对待起义军的态度无实质性差别。晚明小朝廷对这些官员改投大顺政权的行径痛心疾首，斥之为“迩来降贼绅

---

① 牛俊法、魏天柱、毛振发编．中国历代名将，北京：军事科学出版社1985年版，第470—483页。

② 詹玲．社会历史与阶级原罪下的悲剧必然——《李自成》重评，湖北社会科学2007年第12期，第136页。

③ 滕新才．1643—1644年李自成战略失误平议，文史哲1994年第5期，第43—47页。

④ 刘永强．李自成与多尔衮在北京时期所实行的政策的得失，牡丹江师范学院学报（哲学社会科学版）2006年第1期，第45—47页。

士实繁有徒，负圣朝三百年作养之恩，甘心为贼运筹”，并提到在大顺军攻入北京城之前，“惶惑无知百姓曰：‘开城款迎者兵不血刃也，婴城拒守者尽数屠戮也。’地方二三奸徒，贼尚未薄城下，辄先倡说远迎。深可恨者，不肖怯死守令及几倖苟免绅衿，往往相率出城，望风伏迎”。从上述这些记载也能窥见当时的人心向背，山西、河北等地的人士甚至视李自成为刘邦、李世民再世，“真若沛上亭长，太原公子复出矣”。

李自成率领的农民起义有别于后来的太平天国运动，多数学者将其视为旧式农民起义的巅峰。只可惜他攻破北京之后无意经略，由此也引发了后世对他本人保守、狭隘的乡土观念的批判和讨论。明末清初彭孙贻所撰《流寇志》载：“自成与诸盗皆秦人，既破京师，谓江南可传檄下，还都关中，徐论封赏。及平西（吴三桂）师至，自成翻然改图曰：‘陕，吾父母国也，富贵必归故乡，即十燕京岂易一西安乎？’”[①] 这样的记载可信度不高，但李自成大大低估了攻占北京的政治意义却是肯定的，他入京以后忙于“追赃助饷”，这也是他施行的政策中最被人们诟病的一项。早在陕西时，李自成就有“以士大夫必不附己，悉索诸荐绅，榜掠征其金”的做法，到了北京他继续实行这项措施，最终将明朝官僚集团推到了自己的对立面。李自成要求以职位高低为准，对明降官三品以上的不予录用，并设“比饷镇抚司”进行追赃助饷，规定了助饷额，“限大学士者交赃银十万两，部院官及锦衣帅者七万两，科道官五万两、三万两，翰林万两，部属以下千两”[②]，还让刘宗敏制作五千具夹棍进行迫害，手段十分残忍。对明功臣和皇亲国戚，李自成也厉行镇压，处决了成国公朱纯臣和明勋卫武职官 500 余人。相比之下，多尔衮进京之后的招抚显得尤为明智，“至朱姓各王归顺者，亦不夺亡爵，仍加恩养”，对“各衙门官员俱照旧录用”，“避贼回籍隐居山林者，亦具以闻，仍以原官录

① 滕新才. 1643—1644 年李自成战略失误平议，文史哲 1994 年第 5 期，第 43—47 页。

② 刘永强. 李自成与多尔衮在北京时期所实行的政策的得失，牡丹江师范学院学报（哲学社会科学版）2006 年第 1 期，第 45—47 页。

用”，使得这部分人纷纷转投清朝，后来又在镇压大顺军时出力尤多。

许多学者将李自成的失败定格在1643年。为了彻底推翻明王朝的统治，李自成与全军将领共同商定了进军路线，据《明季北略》载：“先定关中，……建国立业，然后旁掠三边，资其兵力，攻取山西，后向京师。”会后，李自成率百万大军再次挺进河南，准备派精锐出武关进取西安。明军方面，在遭遇连续五次惨败后，主力大部分被消灭，仅存吴三桂、左良玉、孙传庭三支力量。同年九月，李自成大败陕督孙传庭，歼灭了这支明朝在中原和北方的主力部队，并于次年初在西安正式宣布建国，国号大顺，年号永昌，改西安为西京。研究者对李自成在这一年错失良机叹息不已，他们认为李自成本该由河南乘胜北上，直抵京畿，而非攻占陕西、经山西入京。又或者是采纳杨永裕的建议，先夺取东南财赋之区，再由南至北进取北京。此后，李自成又不幸遭逢多尔衮这个对手。值得一提的是，清崇德八年也是1643年，这一年八月，皇太极的暴毙引发了满洲贵族内部争夺皇位的斗争，八旗军根本无暇南顾。和硕睿亲王多尔衮与和硕肃亲王豪格之间剑拔弩张，矛盾极其尖锐，最后各方折中拥立了6岁的福临为帝，由济尔哈朗和多尔衮共同辅政。等到多尔衮挤去济尔哈朗，扫清两黄旗大臣等障碍，独居摄政王之位时，清朝的政治部署和军事决策已高度统一，八旗子弟虎视眈眈，进逼关内只待时日。当然，这样的对比和分析也不免让人生出事后诸葛亮之感，历史的机遇总是稍纵即逝，毕竟只有少数人能够挽狂澜于一时。在未能占据江南富庶之地这个问题上，还有人研究认为不是李自成不想，而是客观形势迫使他止步于湖广。崇祯十六年（1643）三月，李自成阵营内部爆发内讧，他与投靠来的农民军首领罗汝才、马守应、贺一龙之间的相互猜忌和防范，刹住了他在湖广的发展势头，罗汝才最终被杀，各家农民军之间不再是“未尝互吞并，穷则相依”，起义军内部发生了较为严重的分裂[①]，

① 童恩翼．李自成败亡前大顺、大西、明朝在湖广斗争考析——三探李自成之死，武汉师范学院学报（哲学社会科学版）1984年第4期，第101页。

也为日后大顺军遭遇挫败便瞬时分崩离析埋下了祸根。另外，大顺军在占领的地区统治较为薄弱，生产又未能恢复，河南等地投靠义军的大多为饥民，号称“百万之众”的起义军战斗力十分有限，各种因素累加起来最终促成了李自成的失败。

明崇祯十七年四月十三日，吴三桂、李自成两军在山海关前的一片石接战，李自成战败，只得放弃北京退守关中，临走之前的二十九日，还匆匆在太和殿登基称帝，第二天便率军撤出，又回到了陕西。同年十月，多尔衮率军入关，迅即抽调八旗劲旅攻剿李自成。清军和明朝降兵合力围剿，大顺军不断败退，最终退出陕西，李自成再也未能回到他的“父母之国”，从河南逃到湖北，接连在武昌、阳新、江西九江战败，东下的去路也被切断，最终命丧九宫，走完传奇的一生。他的大顺政权曾经拥有河南、陕西、甘肃、宁夏以及青海、山西、河北、山东、湖北大部，自山海关一役，却陷入一退而不可收拾的绝境。近年对于他的百万军队与清军一触即溃的原因，出现了一种新的观点。曹树基先生研究认为，李自成的失败主要是败给了当时北京周边地区流行的鼠疫。在李自成军队三月进入北京时，这种高死亡率的传染病曾经大规模暴发，使明朝军队失去了战斗力，大顺军得以很快占领北京，但同时也感染了鼠疫。传播鼠疫的罪魁祸首是跳蚤，但它不喜欢马匹的气味，所以由骑兵组成的清兵幸免于难。这样的研究颇为新颖，也令人期待有更多的研究成果面世，以便能解答大顺军百万之众土崩瓦解的原因。很多人认为随着李自成命丧九宫，起义军便被清廷彻底剿杀，事实上李自成牺牲后，起义军的抗清斗争仍坚持了20余年，令清朝廷不堪其扰。

对于李自成身死九宫的结局，有的人并不认同，他们坚持认为李自成没有死，而是到了湖南的石门夹山寺出家做了和尚，法号奉天玉。这种说法大概在李自成死后100多年开始出现，据《湖南通志》和《澧州志》等所记，清乾隆十一年（1746）澧州知州何璘，因纂修澧州志，四处遍访旧闻，得人告知石门夹山寺已故和尚奉天玉即李自成。因《明史》

已经写成，何璘还特撰《书李自成传后》一篇加以“纠误”。持“出家说”观点的人大多以此为据，20 世纪 80 年代，有文章抓住此类晚近材料和未经证实的奉天玉和尚的考古发现，无视清初诸多史料和前人的考证成果，一味坚持“李自成出家说”。《明史》中“李自成死，众拥其兄子锦为主，奉自成妻高氏及高氏弟一功，骤至澧州，拥众三十万”，和其他诸如此类的史料也被当作李自成假死，藏在军中指挥，以实现大顺军战略转移湖南的依据。这样的考证脱离了李自成与大顺军斗争史的整个发展脉络，假设看似大胆，却并无可靠史料作为立论的依据。“李自成出家说”在晚清文人的著作中就受到过批判，除了 20 世纪 50 年代的讨论，20 世纪八九十年代以来仍不断有批驳文章问世，2000 年时还有学者利用清宫档案，进一步补充和完善了李自成并未出家的观点[①]。姚雪垠先生曾说过，李自成“死于九宫山村民之手”，虽然在具体经过的细节上不统一，但在死于九宫山这一点上没有分歧。另外，对大顺军在湖广发展进行剖析的学者也指出，由鄂西挺进湘西北的是 1643 年与李自成起内讧的马守应，李自成本人从未踏上过湖南的土地[②]。所以诸如李自成出家，在幕后指挥起义军继续战斗在澧州一带这样的观点，真可谓是捕风捉影式的想象，可惜近几年影视剧戏说风气的推波助澜，“李自成出家说”流传甚广。

相比李自成出家说，“闯王宝藏”之谜更是扑朔迷离。《明季北略》记载了李自成攻陷北京后，大批明朝的勋戚、官僚、富商都被关押、上刑、抄家，以及勒逼掏钱赎罪。传说李自成败退出京时，将国库金银财宝席卷一空，并派手下大将李过藏起宝藏，意图日后东山再起，其中最为离奇的说法则是清末控制中国一半金融资产的山西晋商，财富来自于李自成的宝藏。李自成在北京拷索百官、“追赃助饷”，确实是收获颇丰，

① 王戎笙．清代档案确证李自成死于湖北通山，历史档案 2000 年第 1 期，第 93—95 页。

② 童恩翼．李自成败亡前大顺—大西—明朝在湖广斗争考析——三探李自成之死，武汉师范学院学报（哲学社会科学版）1984 年第 4 期，第 103 页。

他在山海关开战以前，就曾忙着张罗将财宝运回陕西。彭孙贻在《平寇志》中有记录，四月十一日“自成聚刘宗敏、李过于宫中，拘银铁诸工各数千，盘敛库金及拷讯所得，并金银诸器熔之，千两为一饼，中凿一窍，贯大铁棒，凡数万饼，括骡车数千两（辆），马骡橐驼数千，装载归陕”[①]，但这些财宝的下落史书无载。而农民起义军败亡，留下宝藏意图东山再起一类的民间传说，多得不可胜数，并非信史。张献忠的此类记载就远比在他之后的李自成还要多，知名的还有公孙述夔门藏宝、翼王石达开宝藏和太平天国湖州藏宝等。总而言之，传说无据，相比于宝藏，李自成揭竿而起的气魄和瓦解明王朝统治的功绩，更值得后人追忆。

九宫山山峦叠翠、万壑争幽，李自成长眠于此300多年，从暴尸荒野到如今占地8100平方米的“闯王陵”，实在是历尽人世沧桑。

① 滕新才.1643—1644年李自成战略失误平议，文史哲1994年第5期，第43—47页。

第三章　轶闻·地名

九寨沟——唐蕃“松州之役”与明边地纷争

九寨沟自然保护区位于四川西北部的九寨沟县，此县原名南坪县，1997 年改今名，与汶川、理县、茂县、松潘、黑水等 13 个县，归属阿坝藏族羌族自治州管辖，地处青藏高原东南部，即人们常说的川西北地区。南坪县与其相邻的松潘县原本同属一县，是新中国成立以后析置松潘县东北部才单独成县的，所以历史上的“松潘”并不限于今松潘一县，还应当包含九寨沟县在内的阿坝州北部和西部地区。在古代，这一带很早便被纳入中央王朝的统治范围，秦始皇时设湔氐县，属蜀郡，为氐族部落之一的“湔氐”所居之地，因秦汉制度“县有蛮夷曰道”，西汉时又改为湔氐道①。

唐初在今阿坝州境内置茂、松、维等州，贞观二年（628）又设松州都督府，管辖众多羁縻州，属陇右道，后于唐永徽年间改属剑南道。在众多羁縻州中，松州地处吐蕃与唐联系的交通命脉，是唐朝的边陲军事重镇（治所即今松潘县），地理位置十分重要。贞观年间，唐军与吐蕃在松州发生了一场战役，史称“松州之役”。

---

① 郑天挺、吴泽、杨志玖主编．中国历史大辞典·下卷，上海：上海辞书出版社 2000 年版，第 2976 页。

“松州之役”的起因还得从吐蕃政权的崛起说起。吐蕃是藏族的古代先民，贞观三年（629）该民族的杰出领袖松赞干布继位，先后兼并了达布、娘布、羊同和苏毗等部[①]，统一青藏高原，定都逻娑（今西藏自治区拉萨市），建立了强大的奴隶制政权——吐蕃王朝。“弱冠嗣位”的松赞干布，一直积极寻求吐蕃王朝的发展机遇，想同突厥和吐谷浑这些大国一样，崛起以后与唐朝和亲，建立密切联系。这样一来，就可以改变吐蕃长期“犹隔诸羌，未通于中国”的局面，又能在对外关系中获得大国认可，提升并扩大吐蕃的地位和影响。《旧唐书·吐蕃传》载，贞观八年（634）赞普弃宗弄赞（即松赞干布）始遣使朝贡，贞观十二年（638），又派出求婚专使到达长安，“乃遣使随德遐入朝，多赍金宝，奉表求婚”。可此时的吐蕃，尚未与唐朝接境，唐对这个新兴的政权缺乏应有的了解，自然不会将其放在与吐谷浑、突厥等同的位置[②]，因而唐太宗拒绝了吐蕃的和亲要求。吐谷浑与吐蕃的地位则不同，它4世纪初便立国，统治今甘肃南部、四川西北和青海等处，隋末转投突厥，唐朝建立后一面与唐遣使朝贡，一面频扰唐西北边境，这个政权与中央王朝的争夺可谓旷日持久。贞观九年唐终于征服了吐谷浑，出于维护藩属关系的需要，唐才答应嫁弘化公主以安抚吐谷浑。另外，西南地区一直不是中原王朝的重点经营区域，这也造成唐对吐蕃实力估计不足[③]。至于吐蕃向唐求亲未成的原因，也有人认为是吐谷浑在中间挑拨所致，吐蕃求婚使者曾回禀松赞干布：“初至大国，待我甚厚，许嫁公主。会吐谷浑王入朝，有相离间，由是礼薄，遂不许嫁。”似乎是吐谷浑王出于自身利益，离间了唐蕃关系，使得求婚不成[④]，但《新唐书》并不认同这种观点，在吐蕃传里将

① 崔明德、马晓丽. 吐蕃民族关系思想初探——以吐蕃与唐朝关系为例，文史哲2009年第4期，第110页。

② 裴婷婷、何立慧. 吐蕃、唐朝和战交往及对唐朝的影响，中国边疆史地研究2007年第1期，第28页。

③ 王学军. 松州之战与贞观年间唐蕃关系变迁，史学月刊2009年第9期，第23页。

④ 崔明德、马晓丽. 吐蕃民族关系思想初探——以吐蕃与唐朝关系为例，文史哲2009年第4期，第110—111页。

其斥为“使者妄语”。经学者考证，这一年吐谷浑王根本没有入朝，只是遣使入朝请颁历、行年号，遣子弟入侍而已，吐谷浑离间的说法确实为“妄语”[①]。吐蕃在向唐求亲的同时大举用兵，先后攻破党项及白兰诸羌，北击吐谷浑，吐谷浑“人畜并为吐蕃所掠”，被赶到了青海湖以北地区。吐蕃还乘胜东攻松州（今四川省松潘县），开始向东经营，拓土至唐朝边境。

638 年八月，松赞干布“率众二十余万，顿于松州西境，遣使贡金帛，云来迎公主，又谓其属曰：‘若大国不嫁公主与我，即当入寇’”。松州之战爆发，吐蕃与唐军直接交锋。唐松州都督韩威仓促率部应战，结果为蕃军所败[②]，原本归附唐朝的阔州、诺州皆举州投降吐蕃，“阔州刺史别丛卧施、诺州刺史把利步利，皆羌首也，并以州叛，附于吐蕃”，导致“边人大扰”[③]。而吐蕃此前对党项、白兰诸羌以及吐谷浑的用兵十分成功，占领了青海湖以南和川西地区，现在对唐本土构成了直接威胁。据《新唐书·吐蕃传》，松赞干布扬言：“公主不至，我且深入”[④]，唐太宗终于意识到问题的严重，明白这个西部政权不容小觑，随后派出四路兵马到松州进行讨伐。《旧唐书·吐蕃传》载：“太宗遣吏部尚书侯君集为当弥道行营大总管，右领军大将军执失思力为白兰道行军总管，左武卫将军牛进达为阔水道行军总管，右领军将军刘兰为洮河道行军总管，率步骑五万以击之。”牛进达为先锋，据松州城与蕃军对阵，吐蕃军攻城十余日不下。唐军积极抵抗，并伺机发起反击，“进达先锋自松州夜袭其营，斩千余级”，蕃军大败[⑤]。吐蕃看到了大唐帝国的真正实力，“弄赞（即松赞干布）大惧，引兵而退，遣使谢罪”，极力与唐交好，松赞干布“因复请婚，太宗许之。弄赞乃遣其相禄东赞致礼，献金五千两，自余宝

① 霍静．略论唐朝与吐蕃的战争，安徽文学 2011 年第 1 期，第 151 页。
② 王尧、陈庆英主编．西藏历史文化辞典，杭州：浙江人民出版社 1998 年版，第 241 页。
③ 王学军．松州之战与贞观年间唐蕃关系变迁，史学月刊 2009 年第 9 期，第 25 页。
④ 王学军．松州之战与贞观年间唐蕃关系变迁，史学月刊 2009 年第 9 期，第 23 页。
⑤ 任乃强．吐蕃传——地名考释二，西藏研究 1982 年第 2 期，第 78 页。

玩数百事”。唐也开始重新审视这个新崛起的西南政权，双方和亲成功，频繁往来。吐蕃派至长安请婚的使者禄东赞是吐蕃名相，在唐阎立本的《步辇图》中绘有此人，他还一路迎护文成公主入藏[①]。《新唐书》记载：“贞观十五年，遣嫁文成公主”，唐太宗令礼部尚书、江夏郡王道宗主婚，送公主于吐蕃。松赞干布亲自到河源王之国（吐谷浑都城，今青海省共和县恰卜恰镇）迎接文成公主[②]，“见道宗，执子婿之礼甚恭。既而叹大国服饰礼仪之美，俯仰有愧沮之色”。松赞干布对和亲之事十分满意，曾说道：“我父祖未有通婚上国者，今我得尚大唐公主，为幸实多。当为公主筑一城，以夸示后代。”[③]“松州之役”促成了唐蕃和亲，文成公主入藏带去了中原地区先进的生产技术，促进了吐蕃社会经济的发展和生产力的提高，史载松赞干布“释毡裘，袭纨绮，渐慕华风”。到了松赞干布五世孙、吐蕃赞普弃隶蹜赞时，这位唐蕃和亲史上的另一位主人公，人们熟知的尺带珠丹，曾向唐朝上表：“外甥是先皇帝舅宿亲；又蒙降金城公主，遂和同为一家，天下百姓，普皆安乐”，唐朝与吐蕃的两次和亲成就了汉藏联姻、民族团结的佳话。

松赞干布时期，吐蕃与唐友好，吐蕃贡使连岁皆至唐朝，边境安宁，给两国百姓带来了难得的和平。在唐开始全力经营西域时，吐蕃还给予了许多帮助。唐太宗一开始对外用兵主要集中在漠北、西北和东北，灭亡东突厥后不久才将目光投向西域，贞观十四年（640）平高昌，始建安西都护府。贞观二十一年，据《册府元龟》记载，吐蕃应唐征召参加了伐龟兹之役，出兵越昆仑向北进攻，帮助唐朝迅速平定了龟兹[④]。贞观二十二年平龟兹后，唐在焉耆、疏勒、龟兹、于阗四城驻扎军队，设置了历史上著名的“安西四镇”，在西域的经营获得实质性进展，唐得以在西

① 王小甫．文化整合与吐蕃崛兴，历史研究 2009 年第 4 期，第 32 页。

② 王小甫．文化整合与吐蕃崛兴，历史研究 2009 年第 4 期，第 32 页。

③ 裴婷婷、何立慧．吐蕃、唐朝和战交往及对唐朝的影响，中国边疆史地研究 2007 年第 1 期，第 28 页。

④ 王学军．松州之战与贞观年间唐蕃关系变迁，史学月刊 2009 年第 9 期，第 26 页。

文成公主和松赞干布塑像

域不断开疆拓土。还有一次，“贞观二十二年，右卫率府长史王玄策使往西域，为中天竺所掠”，向吐蕃求救，松赞干布发精兵援助王玄策，大破天竺[①]。永徽元年（650）松赞干布去世，其孙继位，国事交由禄东赞处理，唐高宗为之举哀。

“松州之役”对当时的吐蕃而言，使其增强了对今青海、川西地区的控制，它开始不断向北、向东扩张，特别是663年，禄东赞领兵灭掉了立国350年的吐谷浑，吐蕃领土逐步扩大，国力更加强盛，不可避免地与唐在河源、剑南、河西、陇右和西域展开争夺。670年吐蕃攻陷唐西域十八州，废安西四镇，后来又多次联合突厥攻占安西四镇。7世纪末，史载吐蕃的疆域“东与松、茂、巂接，南极婆罗门，西取四镇，北抵突厥，幅员万余里，汉魏诸戎所无也”，松、茂、巂（茂、巂之间实际应有雅、黎二州，史文省略）等州辖地，大体相当于今岷江上游、大渡河中游及安宁河流域。唐开元四年（716），松州都督孙仁献“大破吐蕃于城下”，玄宗特意“降书慰劳仁献及将吏”[②]，据《资治通鉴》记载，广德元年

① 裴婷婷、何立慧．吐蕃、唐朝和战交往及对唐朝的影响，中国边疆史地研究2007年第1期，第28页。

② 郭大烈．唐代吐蕃经营西南的历史作用，西藏研究1983年第3期，第97页。

（763），松州、维州、保州及云山、新筑二城被吐蕃攻占，“西川节度使高适不能救，于是剑南西山诸州尽入吐蕃矣”。在这种频繁的扩张战争之后，吐蕃在征服的地区，尤其是其边地，也开始学习、仿照唐朝制度，设节度使进行管辖，松州一地就曾设立过松州节度。《全唐文》中“请讨吐蕃事宜疏”一文，提到过由西川龙州入吐蕃便可“径抵松州城，是吐蕃旧置节度之所”[①]。

唐蕃关系的历史，还经历了“清水会盟”“长庆会盟”等8次会盟。安史之乱以后，唐因吐蕃的威胁，对边疆只能放弃扩张，选择防御甚至收缩策略。792年安西四镇再次陷于吐蕃，唐朝势力彻底退出西域。9世纪中叶，吐蕃内乱，再加上咸通十年（869）境内平民奴隶大起义，吐蕃政权先于唐朝瓦解。唐与吐蕃在今青海、西藏、川西北一带的争夺，持续了200多年，几乎与两个政权的存亡相始终。吐蕃政权的历史意义，正如历史学家范文澜先生所说，“原来寂寞无所闻见的中国广大西部，因强有力的吐蕃的出现，变得有声有色了”[②]。吐蕃的崛起，还给今天川西北地区的民族分布格局以深刻的影响，使之发展成为藏区的重要组成部分（阿坝州在四川省境内是第二大藏区，仅次于甘孜藏族自治州）。宋、元及明初，汉文史籍仍泛称古代藏族和藏族地区为吐蕃。

阿坝州，又被人们誉为西南民族走廊，境内除藏族以外，还生活着羌族、回族等少数民族。古羌人历史悠久，上古时代主要活动在我国西部广大地区，经历了长期的迁徙。其中一支迁至岷江上游，开垦土地，从游牧逐渐转向农耕，但仍兼营畜牧，后来部分融于吐蕃，部分发展为今日之羌族[③]。阿坝州回族的发端大抵在唐肃宗时期，因唐借回纥兵平息了安史之乱，回纥人被准许参与川西北的茶马贸易，回纥人开始进入今阿坝地区，他们在这里一边经商，一边游牧，后与跟随忽必烈征战来到

---

① 刘小兵．吐蕃对西南少数民族地区的统治，思想战线1990年第3期，第66页。

② 郭大烈．唐代吐蕃经营西南的历史作用，西藏研究1983年第3期，第97页。

③ 高文德主编．中国少数民族史大辞典，长春：吉林教育出版社1995年版，第1140—1141页。

四川的中亚伊斯兰教民族，通过长期的民族融合，形成了今日阿坝州回族的主体[①]。

进入明以后，中央王朝对川西北地区的治理也经历了一个漫长而曲折的过程。洪武年间，明朝在川西北普遍设立卫所，屯田设防，这是明代一项重要的军政制度。洪武十年（1377）平羌将军丁玉平定四川威、茂土官董帖里叛乱之后，建议在松州设置军卫。朱元璋认为当地山多田少，地处荒漠，若设军卫，本地赋税收入不敷军用，没有必要。丁玉得知后上书言明松州为西羌要地，在军事上有十分重要的意义[②]。朱元璋才改变主意，于洪武十二年置松州、潘州两卫，不久并为松潘卫，属四川都司，二十年改为松潘等处军民指挥使司，嘉靖四十二年（1563）复改为松潘卫，辖有今四川省阿坝州的松潘、九寨沟、若尔盖、红原、马尔康、黑水等县及甘肃省迭部县东南等地。明代川西北卫所中尤以松潘卫的防务最为重要，明周洪谟在《西岷保障图记》中有记："蜀徼之要害者，莫若松潘。松潘既靖，则全蜀靖矣。"[③] 松潘卫处在藏、羌、汉等民族及文化的交汇地带，这里的卫所除了军事防御功能而外，还要承担一些与藏羌事务相关的行政职责。然而时间一长，军屯败坏，边地卫所官军纪律松懈，开始胡作非为，特别是宣德以后，导致川西北边政之纷争起于松潘。

松潘卫在宣德二年（1427）曾有过一次规模很小的起义，处在当时"仁宣之治"的历史大背景下，与明朝的内政外交皆有关联，这次起义可算是明代川西北边地的一个缩影。事情的起因缘于明朝与安南之间的战争。明太祖立国之初便将安南等周边各国列为永不征讨之国，但到了永乐四年（1406）安南的黎氏父子弑主自立，又侵夺广西思明府和云南宁

① 马勇．松潘草地部落的历史考察，西北民族学院学报（哲学社会科学版．汉文）1997 年第 3 期，第 51 页；松潘回族源流考，西南民族大学学报（人文社科版）2005 年第 6 期，第 59 页。

② 周群华．松潘古城考，四川文物 1991 年第 6 期，第 19 页。

③ 邹立波．明代川西北的卫所、边政与边地社会，西藏大学学报（社会科学版）2012 年第 1 期，第 103 页。

远州所辖村寨，掳掠边民、抢夺财产，并袭击明护送的安南王孙归国使团。明成祖遂派兵反击，俘获黎氏父子，改安南为交趾，置交趾布政使司（宣德二年十一月明军退出安南后废），将其变作明朝的一个省，辖境大致相当于今越南的北部和中部地区。永乐十六年黎利起兵反对明朝统治，屡败明军①，导致交趾局势一直不稳，至宣德之初仍不能平，明廷不断派兵镇压，然而成效甚微②。在朝廷当时征调的范围中，就包含了松潘卫的守军，据《明史·陈怀传》记载，宣德二年官军征讨交趾屡次战败，“诏发松潘军援之，将士惮行”。然而谁也没有想到，为了躲避打仗，“千户钱宏与众谋，诈言番叛，帅兵掠麦匝诸族。番人震恐，遂反”（明代汉文典籍中一般将藏族记为“番族”“番人”），松潘卫守军就这样生生把番人逼反。《明宣宗实录》中对整件事情有更为详细的记录。松潘卫前往交趾的官军“惧不肯行”，便与千户钱宏商议如何逃过征调。钱宏认为“惟有言番人叛，则都司必奏，奏则必发松潘兵讨之，而交趾之行必止”③。钱宏等人于是诬告藏民容儿结等人反叛，并荒唐地向上级四川都司奏报。四川都司不明就里，果然不再征调松潘驻军到交趾打仗，反而派出成都后卫指挥陈杰等，前来镇压一个尚未发生的叛乱。钱宏眼见都司官军就快到达，竟无耻地威胁容儿结：“朝廷以尔叛，出大军征讨，能遗我牛马财物，或可止。”容儿结因害怕立马答应了钱宏的勒索，不久朝廷大兵压境，他惊恐不已却只能无奈逃走，被逼之下联络黑水的藏民抗击官军。松潘的这场起义就是这样因钱宏等人不可告人的目的而爆发，边关各司的玩忽职守又导致更多无辜民众卷入其中，往常和平安稳的生活被打破。

《明史·土司传》所记稍有不同，“四川巡按等奏松潘卫所辖阿用等寨蛮寇，拥众万余，伤败官军，请讨之。帝意边将必有激之者”，没多久

① 朱杰勤、黄邦和主编．中外关系史辞典，武汉：湖北人民出版社 1992 年版，第 282 页。
② 吴迪．明成祖安南政策的双重性，忻州师范学院学报 2009 年第 3 期，第 77 页。
③ 沈定平．明代宣德年间松潘藏族人民起义述论，社会科学研究 1984 年第 4 期，第 80 页。

果然“四川都司奏至，言并非番寇”。宣宗之所以认定是边将的行为不轨引发了民众激变，皆因他早先一步得到了消息，据《明宣宗实录》记载，他已让“锦衣卫指挥任启、监察御史李珏究问其实”。《明史》又载，钱宏不止恐吓勒索容儿结一人，他还闯入麦匝各大姓家族地区，强行从他们那儿索取牛马，致使百姓更加愤恨。松潘卫的勒都、阿昔洞、北定、牟力结、祈命、山洞、麦匝和占藏先结等 17 族，为当地大姓，明朝委任他们为土官，以他们的居地划界分别设立长官司[①]。最终明朝廷知道了整件事情的来龙去脉，派出都指挥佥事蒋贵前往当地，同松潘卫指挥吴玮一起去招抚藏民。据《明史・土司传》所载，起义的藏民曾包围了松潘、叠溪、茂州，切断绳索桥，焚毁绵竹官署，官军与他们几次接战，均以失败告终。宣德三年（1428）明朝廷又以都督同知陈怀充任总兵官，调陕西、四川、贵州三省兵马 4 万，由洮州进入松潘，会同原来的官军，剿抚并用，安抚平定祁命等十大家族，又招降了渴卓等 20 多个村寨，松潘起义才终于被平息下去[②]，罪魁祸首钱宏等人被处决或充军。因征交趾而引发的这场藏民起义，暴露了边地卫所官兵苛索无度、恣意妄为等许多问题，以往史家所谓“仁宣之治”、息兵养民的说法也是有待商榷的。

松潘卫与川西北众多地区一样，所辖藏、羌各族内部部落众多，部落间却互不统属。明朝廷为了确保自己在四川的统治，一方面增设千户所、兵站，后来还命总兵官、都督陈怀由成都移镇松潘，加强松潘与内地的联系。第一代绥抚将领丁玉善于治理，在藏、羌人民心中享有很高的地位，明朝廷在各地大力倡导并推行他“随俗而治”的经验。据《明宣宗实录》记载，平蛮将军蒋贵还奏请在松潘创立医疗机构，军民不必远赴500 里之外的茂州就医，给松潘百姓提供了极大的便利。另一方面，明朝廷在当地大力推行土司制度，按部落地域大小，人口多少，分设宣慰司、宣抚司等土司职位，授以特权，保障土司们在部落中的世袭地位。

---

① 任树民．明代松潘卫“番人”略考，西藏研究 2001 年第 1 期，第 81 页。

② 沈定平．明代宣德年间松潘藏族人民起义述论，社会科学研究 1984 年第 4 期，第 80 页。

为避免土官勾结汉官，鱼肉百姓，中央选用廉吏并加强教化。宣德六年（1431）朝廷采纳四川监察御史王翱的建议，在土司统治地区遍设社学，“使民夷子弟皆知读书，则礼义兴行，民俗归厚，有的地方就学读书风气浓厚，颇有齐鲁之风”①。到了景泰年间，镇守官罗绮等人“给衣鞋而济贫寒，资药饵以扶疾患”，边地安宁。《天下郡国利病书》中记为“晏然置城于其间，俾兵民杂居，累岁丰获，边人安枕”，松潘之地一派祥和景象②。

松潘占据甘、青、川三省要道，自唐、宋以来一直是藏汉商贸的中心，明代开始便鼓励边关设立互市，招徕各族人民进行贸易，这里形成了发达的茶马互市，“行茶之地五千余里，西番诸部落无不以马售者”③，商业活动十分活跃。正是从明代开始，松潘等地加快了开发的步伐，内地先进的生产技术不断传播至这里，促进了社会生产的发展和百姓生活水平的提高，有关此地的文献记载也逐步增多。经过与汉、羌等民族长期交往，松潘藏民在习俗方面发生了变化，与西藏、青海的藏族逐渐有了一些差别，这里的藏民不再喜居毡帐，多定居在用石头构筑的堡寨里，称为“碉砦”，汉人在文献中记作“吐蕃石城”④。各民族人民在这里和睦相处，增进了情谊，1935 年红军过草地时，松潘的藏、羌、回、汉各族人民以及沿途诸部落还为红军带路、筹粮，甚至参加红军，有力地支援了革命⑤。

现如今的九寨沟自然保护区是国内知名的风景区，集群海、溪流、瀑布、雪峰、林莽、钙化滩流等众多景观为一体，拥有“水景之王”“人间仙境”“童话世界”等众多美誉。保护区四周群山耸峙，森林茂密，山

---

① 陈泛舟．试论明代对川西北民族地区的政策，西南民族学院学报（社会科学版）1986 年第 1 期，第 46—48 页。

② 沈定平．明代宣德年间松潘藏族人民起义述论，社会科学研究 1984 年第 4 期，第 82 页。

③ 马勇．松州商贸的历史考察，西北民族研究 2004 年第 2 期，第 196 页。

④ 任树民．明代松潘卫“番人”略考，西藏研究 2001 年第 1 期，第 83 页。

⑤ 马勇．松潘草地部落的历史考察，西北民族学院学报（哲学社会科学版．汉文）1997 年第 3 期，第 53 页。

谷中当地人称之为“海子”的108个湖泊大小不同、形状各异。五花海中，湖水澄净透明，湖底一段段树木清晰可见，在阳光的照射下，湖里不同区域显现出碧蓝、宝绿、橙红等多种颜色，五彩斑斓，绚丽至极。各处湖水随地形又形成众多瀑布，或似银河飞泻，白练腾空，或状如珠帘，垂挂洞前，姿态万千，妙趣横生，诺日朗瀑布、珍珠滩瀑布、翡翠瀑布和高瀑布，都是值得一去的地方，整个景区呈现出一种原始的自然美。传统的藏家木屋掩映其间，水车、经幡及古朴的藏族风俗，构成了独特的人文景观，使人们乐而忘返，沉醉其中。

无量山——武侠传奇背后的大理国

提起无量山，大多数人知道这个名字都是源于金庸先生的武侠名著《天龙八部》。原著中一开篇，大理国世子段誉随普洱茶商来到无量山，误入了“无量剑湖宫”，在一处神秘石洞习得神功“凌波微步”“北冥神功”，破解了“无量剑”和“玉璧仙影”之谜，小说中这段历险过程描写极为生动，令人心驰神往。为躲避追捕，段誉坠落谷底以后：“只见左边山崖上一条大瀑布如玉龙悬空，滚滚而下，倾入一座清澈异常的大湖之中。大瀑布不断注入，湖水却不满溢，想来另有泄水之处。瀑布注入处湖水翻滚，只离得瀑布十余丈，湖水便一平如镜。月亮照入湖中，湖心也是一个皎洁的圆月……瀑布之右一片石壁光润如玉，料想千万年前瀑布比今日更大，不知经过多少年的冲击磨洗，将这半面石壁磨得如此平整，后来瀑布水量减少，才露了这片如琉璃、如明镜的石壁出来。”段誉自循着两位武林前辈起舞弄剑的身影，发现这无量玉璧的秘密之后，各派武林高手便悉数登场。这部以辽、宋、金、西夏争霸的历史为背景，间有燕国萧氏复仇、南帝青灯佛影等故事的武侠传奇，情节跌宕起伏，环环相扣，是金庸武侠小说中一部具有浓郁地域文化特色的经典著作。或许很多人不知道，《天龙八部》于1963年开始登报连载，历时4年而成，而金庸先生第一次来到云南、来到大理是 1998 年，此前从未踏足彩云之南。小说中无量山满是飞禽、走兽、草药、毒虫、山茶的描写，包括对奔腾咆哮的澜沧江水、气势非凡的“善人渡”桥等贴切的描述，全部出自金大侠的艺术想象和创作。金庸对无量山物产（无量山是普洱茶的重要产地）、自然环境及其地理区位等细节的把握和想象，常人难及；他对天龙寺（崇圣寺）、大理古城、剑湖，以及歌舞、茶花等景物风情不惜笔墨的多情描绘，的确很难让人相信创作时他从未到过这片土地。金庸武侠“琴剑聚豪杰，斗酒论英雄”的独特魅力，又使得今天到大理的游人多了一分侠义的浪漫想象。

无量山

大理盛产茶花珍品，无量山的茶花虽非月色下摇曳生姿的“羽衣霓裳”，也不是什么“步步生莲”，但值得一提的是，金庸先生在《天龙八部》中借段誉的伶牙俐齿，对大理茶花进行过一番天马行空似的描绘，想必看过《天龙八部》的每一个读者都会记忆深刻。段誉说道：“大理有一种名种茶花，叫作‘十八学士’，那是天下的极品，一株上共开十八朵花，朵朵颜色不同，红的就是全红，紫的便是全紫，决无半分混杂。而且十八朵花形状朵朵不同，各有各的妙处，开时齐开，谢时齐谢……比之‘十八学士’次一等的，‘十三太保’是十三朵不同颜色的花生于一株，‘八仙过海’是八朵异色同株，‘七仙女’是七朵，‘风尘三侠’是三朵，‘二乔’是一红一白的两朵。这些茶花必须纯色，若是红中夹白，白中带紫，便是下品了……‘八仙过海’中必须有深紫和淡红的花各一朵，那是铁拐李和何仙姑，要是少了这两种颜色，虽然是八色异花，也不能算‘八仙过海’，那叫作‘八宝妆’，也算是名种，但比‘八仙过海’差了一级……再说‘风尘三侠’，也有正品和副品之分。凡是正品，三朵花中必须紫色者最大，那是虬髯客，白色者次之，那是李靖，红色者最娇艳而最小，那是红拂女。如果红花大过了紫花、白花，便属副品，身份就差得多了……这一种茶花，论颜色，比十八学士少了一色，偏又是驳而不纯，开起来或迟或早，花朵又有大有小。它处处东施效颦，学那十八学士，却总是不像，那不是个半瓶醋的酸丁么？因此我们叫它作‘落第秀才’……白瓣而洒红斑的，叫作‘红妆素裹’。白瓣而有一抹绿晕、一丝红条的，叫作‘抓破美人脸’，但如红丝多了，却又不是‘抓破美人脸’了，那叫作‘倚栏娇’。夫人请想，凡是美人，自当娴静温雅，脸上偶尔抓破一条血丝，总不会自己梳妆时粗鲁弄损，也不会给人抓破，只有调弄鹦鹉之时，给鸟儿抓破一条血丝，却也是情理之常。因此花瓣这抹绿晕，是非有不可的，那就是绿毛鹦哥。倘若满脸都抓破了，这美人老是与人打架，还有什么美之可言？”金老先生这番挥洒自如的品评实在令人拍案叫绝，也切中了大理人对茶花的偏爱。大理本地茶花品种丰富，传统珍稀名种有细桂叶、童子面、恨天高、九心紫袍、玛瑙等，虽没有花开十八色、朵朵皆不同的“十八学士”，“抓破美人脸”倒确实存在，一般就叫“抓破脸”，外形与书中描述颇为相似。

现如今无量山是国家级自然保护区，位于云南省景东、南涧两县境内，最早由原来的景东无量山和南涧无量山两个自然保护区合并而成。保护区内主要以南亚热带中山湿性常绿阔叶林生态系统及珍稀野生动物为保护对象，其中国家重点保护的野生植物有红豆杉、长蕊木兰、水青树、景东翅子树、云南榧木等；国家一级重点保护野生动物有黑冠长臂猿、熊猴、绿孔雀等11种。无量山自然保护区的建立，对于保护和研究生物多样性、维持生态平衡和涵养水源，均具有重要的价值。

无量山一名出自何处呢？无量山，古称蒙乐山。据《元混一方舆胜览》“开南州”条下记：蒙乐山“状若中国之崆峒，蒙氏封为南岳”。《大明一统志》记载：蒙乐山“在（景东）府北九十里。一名无量山。高不可跻，连亘三百余里，中有石洞，深不可测，一峰特出，状若崆峒，蒙氏封为南岳”。开南州于元至元十二年（1275）置，治所即今景东县东南，明初废入景东府①。可见，无量山最早因南诏蒙氏封为南岳而得名，南诏是唐时西南地区建立的一个边疆民族政权。早在隋末唐初，在今云南大理的洱海周围及哀牢山、无量山北部地区，分布着六个势力最大的乌蛮部落，史称“六诏”，蒙舍诏地处各诏之南，故又称南诏。后来蒙舍诏在唐的扶持下统一六诏，并将都城迁往今云南大理市，建立起南诏政权。南诏全盛时辖有云南全境、四川南部和贵州西部，在政治经济制度方面受唐影响很大。明谢肇淛的《滇略》中也有记载，说南诏王“封五岳四渎，以点苍山为中岳，乌蒙山为东岳，蒙乐山为南岳，高黎共山为西岳，玉龙山为北岳”。后来无量山开始作为蒙乐山的异名而出现，《读史方舆纪要》记载：“南岳曰蒙乐山，在景东府北八十里，西南入威远、镇康州界，西入云州界，东南入者乐甸长官司界，亘三百余里，亦名无量山。”至民国初年，志书中无量一名取代蒙乐山成为正名，《清史稿·地理志》记作：“（景东直隶厅）西，无量山，即蒙乐山，连亘三百余里，与蒙化、云州、缅宁、镇边接界。”②

金庸先生借用“无量山”之名，从小说的立意来说，是为了将一部佛教文化色彩极为浓厚的作品，置于历史上的大理国时期，所以“无量”一词的阐释或许还得从佛教用语本身来考察。《俱舍论》记载：“无量有四：一慈二悲三喜四舍。言无量者，无量有情为所缘故，行无量福故，感无量果故”，这样的含义正好与金庸先生笔下崇佛礼释、以佛立国的大

① 史为乐主编．中国历史地名大辞典·上，北京：中国社会科学出版社 2005 年版，第 290 页。
② 史为乐主编．中国历史地名大辞典·上，北京：中国社会科学出版社 2005 年版，第 315 页。

理国相得益彰。小说里这个偏安一隅的国度“四境宁静，国泰民安”，君主不恋权力，避位为僧，并且官为僧、僧为官，“岁岁建寺，铸佛万尊”①，这一切与同时期饱受战乱之苦的中原相比，就颇有“桃花源”的意味。历史上，大理国的22位国君中确实有10位君主避位为僧，倒不全是主动退位以求佛法，大部分是在政治斗争中失败，被迫为僧，但经由《天龙八部》虚实相间的描绘，大理国君王“避位为僧”的说法广为人知。这种历史与真实之间的契合和游离倒越发让读者欲罢不能，究竟金老先生借用了哪段历史，哪里才是真的，哪里才是戏说呢？

云南设置郡县最早见于西汉元封二年（前109），《史记》记载：汉武帝“以兵临滇”时，滇王“举国降，请置吏入朝。于是以为益州郡，赐滇王王印，复长其民”。益州郡辖境，相当于今中缅边界高黎贡山以东，云南洱海以西，以及姚安、元谋等市县以南，曲靖、蒙自等市县以西，哀牢山以北的广大地区②。今云南全境，盛唐时出现了南诏国，宋代又迎来了大理国的统治，两个政权都为之后的元代大一统局面奠定了基础。902年，权臣郑买嗣夺取南诏政权，称雄一时，历经255年的南诏王国灭亡。五代后晋天福二年（937），通海节度使段思平联合滇东“三十七部”，以及广大农民和奴隶起义，攻占大理城，建立了以白族为主体的大理国政权，传22世，共317年。大理国的疆域大致与南诏国相当，《续资治通鉴长编》记为“东至戎州，西至身毒国，东南至交趾，东北至成都，北至大雪山，南至海上”③。大理国史料极为匮乏，《宋史·大理国传》仅604字，而《元史》仓促成书，再加上明初征南将军傅友德平滇，大肆焚毁与云南有关的图书典籍等各种原因④，导致今人对大理

① 何贵荣．大理国佛教崇拜的社会化现象，云南民族学院学报（哲学社会版）1997年第1期，第51页。

② 郑天挺、吴泽、杨志玖主编．中国历史大辞典·下卷，上海：上海辞书出版社2000年版，第2553页。

③ 胡绍华．大理国与宋朝关系新探，商丘师范学院学报2002年第6期，第42页。

④ 曾现江．从边缘到中心：再现大理国三百年历史画卷，中国图书评论2005年第3期，第49页。

国知之甚少。

大理国政权存在的300年间与宋王朝边境一直相安无事。许多人都听过宋太祖赵匡胤之死，民间一直有“刀光斧影”之说，却不知他有另一个与斧头有关的典故——“宋挥玉斧”，又名“玉斧划界”。赵匡胤建立宋朝以后，乾德三年（965）后蜀国来降，宋将王全斌向赵匡胤进献地图，力主乘势进攻大理国，但宋太祖赵匡胤却用玉斧在地图上沿大渡河画了一条线，说：“此外非吾所有也”，遂与大理国划江而治。杨慎《滇载记》中详细记录了这件事，说：“王全斌既平蜀，欲因兵威取滇，以图进于上；太祖鉴唐之祸基于南诏，以玉斧划大渡河：‘此外非吾有也。’由是云南三百年不通中国（内地）。”[①]“玉斧”一说无据，但宋朝确实以大渡河为西南边境，《宋史》《宋会要辑稿》等史书都对宋朝西南边境“百五十年无西南边患”，以及“边民不识兵革垂二百年”的局面赞誉有加[②]。然而，北宋西南疆界的确立并非如此简单，据学者研究，这一边界唐末以来就已形成，并由赵宋一朝承袭。唐末，蜀地南界就在大渡河之北的黎（治所在今四川省汉源县）、雅（治所在今四川省雅安市）两州间[③]。907年，原西川节度使王建效朱梁代唐，在成都称帝，所建蜀国史称前蜀，为五代十国之一。当时正值郑买嗣刚吞并完南诏政权，前蜀与郑氏“长和国”便以大渡河为界展开争夺。黎州地势险要，三面阻大渡河，前蜀曾多次在此击退“长和国”的进攻。925年后唐灭前蜀，以孟知祥为西川节度使。934年孟知祥自立为帝，建立了后蜀国，之后不久大理国政权建立[④]，双方仍以大渡河为界。待到后来，北宋发兵攻蜀，后蜀亡。在北宋刚一平定蜀地时，大理国便主动示好，据《续资治通鉴长编》

---

① 胡绍华．大理国与宋朝关系新探，商丘师范学院学报2002年第6期，第44页。

② 胡绍华．大理国与宋朝关系新探，商丘师范学院学报2002年第6期，第44页。

③ 刘复生．“云南八国”辨析——兼谈北宋与大理国的关系，四川大学学报（哲学社会科学版）2002年第6期，第109页。

④ 刘复生．“云南八国”辨析——兼谈北宋与大理国的关系，四川大学学报（哲学社会科学报）2002年第6期，第109页。

记载，北宋乾德三年（965），“黎州递到云南碟，称大理国建昌城演习爽贺平蜀之意”。建昌即今凉山州首府西昌，可见北宋建立以后，大渡河以北的黎州仍作为内地与西南各民族交往的前哨阵地[①]。宋代固守“以大渡河为界”的西南疆界，实际上是基于多方面考虑的结果。据《续资治通鉴》，南宋理学家朱震曾说：“大理国本唐南诏……艺祖皇帝鉴唐之祸，乃弃越巂诸郡，以大渡河为界，欲冠不能，欲臣不得，最得御戎上策”，这种观点最为贴近宋朝统治阶层“以大渡河为界”来控御西南的真实想法；这种统治策略与诸葛亮《隆中对》中“南抚夷越，西和诸戎”的安邦大计，可谓是一脉相承，保持西南各少数民族的安定是历朝治理蜀地最重要的统治原则。另外，联想到整个宋代，中原王朝始终承受着来自北方各族的军事压力，也能理解其西南边界何以未有突破，长期维持在大渡河以北，实属不得已而为之。

宋神宗熙宁九年（1076），大理国的使臣首次到达开封，进贡“金装碧玕山、毡罽、刀剑、犀皮甲鞍辔”，可惜“自后不常来，亦不领于鸿胪”[②]。金庸《天龙八部》的故事发生于北宋哲宗元祐、绍圣年间，主人公段誉的原型当为大理国第十六代国主段和誉，又名段正严，是大理国在位时间最长的国主。史载这位国君在位时颇得民心，北宋和大理国也首次行“册封”之事，在政治上建立了联系。北宋政和六年（1116）大理遣进奉使出使宋朝，“贡马三百八十匹及麝香、牛黄、细毡、碧玕山诸物”，当时宋正忙着“求通女真灭辽取燕”，见大理国归附甚喜[③]，宋徽宗封段和誉为“金紫光禄大夫、检校司空、云南节度使、上柱国、大理国王”。

因与北方的契丹、西夏、金、蒙古等各国长年交战，宋朝与大理国

---

① 刘复生．“云南八国”辨析——兼谈北宋与大理国的关系，四川大学学报（哲学社会科学报）2002 年第 6 期，第 109 页。

② 刘复生．“云南八国”辨析——兼谈北宋与大理国的关系，四川大学学报（哲学社会科学报）2002 年第 6 期，第 111 页。

③ 周祜．大理国与赵宋王朝的关系，大理师专学报（社会科学版）1996 年第 4 期，第 11 页。

的贸易主要是购买马匹，对战马的需求量很大。《宋史》中，除了大理国入贡的记载以外，其余几乎全是两国进行马匹互市的记录。北宋时，杨佐撰有《云南买马记》一书，记录了他带队从四川出发到大理国议买战马的经过，并将沿途所见大理国的社会经济、生活风俗一一记述，是稀见的大理国史料。“大理马”闻名全国，范成大《桂海虞衡志》一书载：“蛮马，出西南诸蕃”，“大理马，为西南蕃之最。”据范氏书中记述，南宋乾道九年（1173），大理国派人至横山寨（今广西壮族自治区田东县）与宋贸易，这些人“皆有礼仪，擎诵佛书”，大略所需“《文选五臣注》《五经广注》《春秋后语》……之类，及琉璃碗、壶及紫檀、沉香木、甘草等药”①。有趣的是，在开列的清单背后还留有这样的文字：“知己之人，幸逢相谒，言音未同，情虑相契。吾闻夫子云：君子和而不同，小人同而不和。今两国之人不期而会者，岂不习夫学之言哉！续继短章，伏乞斧伐”，短章内容为“言音未会意相和，远隔江山万里多”②。从这个记载可以看出，大理国人用典得当、辞章娴熟，对中原文化非常倾慕和喜爱，也有研究者将其视作大理国迫切与宋朝建立政治联系的心声。同时也能想见大理国与宋朝在经济、文化方面的交流，应是十分广泛的。或许正因如此，元初来到大理的郭松年才会有“规模、服色、动作、云为，略本于汉”的印象，从而留下“犹有故国之遗风焉”的感慨。1253年忽必烈从甘肃沿川藏边境深入云南，进攻大理国，国主段兴智弃城而逃，大理国灭亡。元至元十一年（1274）置云南诸路行中书省，简称“云南行省”，治所在今云南省昆明市，辖有今云南全省及四川省西南部、贵州省西部及泰国北部、缅甸西北部地区③。

与大理国史料缺载一样，地处西南边陲的无量山交通闭塞，历史上

① 周祐．大理国与赵宋王朝的关系，大理师专学报（社会科学版）1996 年第 4 期，第 11 页；胡绍华．大理国与宋朝关系新探，商丘师范学院学报 2002 年第 6 期，第 43 页。

② 周祐．大理国与赵宋王朝的关系，大理师专学报（社会科学版）1996 年第 4 期，第 11 页。

③ 戴均良、刘保全、邹逸麟等主编．中国古今地名大词典·上，上海：上海辞书出版社 2010 年版。

对它的记载也是少之又少。19 世纪中叶，在太平天国革命运动影响下，哀牢、无量山区爆发过一场由李文学领导的彝族农民反清起义，起义军凭借无量天险与清军展开了激烈的对抗，据说无量山系还留有当年的战场。然而这场起义近代以来一直湮没无闻，直到 1953 年，一位研究者在云南哀牢山区的南华县摩哈苴村发现了一部名为《哀牢夷雄列传》的手稿残本。借由这部手稿的记载，李文学为首的这场滇西农民起义才被人们了解。手稿现收藏于中国社会科学院民族研究所图书馆，手稿的影印本纳入该所图书室主编的"《民族研究图书资料丛刊》第二种"，现已出版，可供研究者参考。哀牢山在无量山北部，夹在哀牢和无量两山之间的便是景东县（国内少有的一个县辖区内有两个国家级自然保护区），在清代诗人戴家政歌咏家乡景东的山水之作中，存有一首《望无量山》，诗中写道："高莫高于无量山，古柘南郡生雄关。分得点苍绵亘势，周百余里皆层峦。嵯峨杈奇发光怪，耸出云霄不可攀。"正是依赖哀牢山和无量山这种高不可攀的自然条件，李文学起义军转战多年，在清军四处围剿之下得以坚持斗争达 20 年之久。李文学还曾率军前往大理援救过杜文秀的回民军，他本人则于 1874 年遭叛徒出卖在今南涧县遇害①。

无量山自然保护区是云南茶的原产地之一，现今无量山拥有万亩生态茶园，如同一块块碧玉镶嵌在澜沧江畔。无量山茶树生长周期较长，茶叶品质醇正，清香持久。在哀牢山与无量山中段，有被誉为"世界野生茶树王之乡"的镇沅彝族哈尼族拉祜族自治县（我国最年轻的民族自治县）②。作为云南茶的重要产地，无量山区茶叶的采制历史也十分悠久。早在唐代，樊绰《蛮书》曾记载："茶，出银生城界诸山，散收无采造法。蒙舍蛮以椒、姜、桂和烹而饮之。"宋代李石的《续博物志》也说："茶，出银生诸山，采无时。杂椒、姜、桂烹而饮之。""银生城"是南

① 郭毅生、史式主编．太平天国大辞典，北京：中国社会科学出版社 1995 年版，第 414 页。
② 刘还枝．云南镇沅："世界野生茶树王之乡"迎来发展，今日中国（中文版）2007 年第 4 期，第 79 页。

诏国的军事重镇之一，银生节度的治所。银生节度包括今云南省西南部澜沧江以西的广大地区，南诏后期开南节度并入，银生节度辖境增入今云南景东县往南、西双版纳及境外的部分地区①。可以想见，唐代无量山、哀牢山一带应该已有茶叶出产，虽然制作、饮茶方式还比较粗陋。不少学者则把樊绰的记录当作云南“普洱茶”生产和饮用的标志，视为普洱茶的源头。

无量山素有“画眉之乡”的美誉，最具观赏性的景点有羊山瀑布，巧合的是与《天龙八部》中神秘大瀑布、无量玉璧颇为神似。该景点四周林深箐密，泉水从几十米高的崖上凌空倾泻坠入崖下，一时间水珠四溅、水汽蒙蒙，背后一块紫黑色的巨大石壁若隐若现。这真真切切是一座“藏在深闺人未识”的神秘大山，山顶终年积雪，山势雄奇险峻，许多地方人迹罕至；然而却是一座美丽神奇的大山，植被垂直分布明显下的景致幻化多姿，它的古朴浓郁还在等待人们的发掘。

梵净山——思州田氏“砂坑”争斗与贵州一省建制

北京颐和园大门之上的匾额，你可知道出自哪位书法名家之手？如果你未曾了解梵净山地区的历史，自然会诧异千里之外的贵州省印江县，梵净山麓曾走出一个叫严寅亮的青年，在清末一众书法名家之中，独获慈禧赏识，为这座皇家园林书写了园名及园内的楹联匾额。

梵净山，古名三山谷，又名辰山、思邛山、九龙山②，又因山形下小上大，俗称饭甑，位于今贵州省铜仁市的印江、江口、松桃三县交界处，属沅江水系和乌江水系的分水岭。明起初并无贵州省建制，铜仁一带分属当时的湖广和四川行省，永乐年间置铜仁府、思南府之后，政府在当地开采朱砂与金矿，并派官员督办，宣德年间还曾在梵净山设立金场局。

---

① 史为乐主编. 中国历史地名大辞典・下，北京：中国社会科学出版社 2005 年版，第 2367 页。

② 史为乐主编. 中国历史地名大辞典・下，北京：中国社会科学出版社 2005 年版，第 2317 页。

朱砂是古代贵州地区的重要贡品，学名辰砂，中医上有镇心安神、明目解毒的功效，始载于《神农本草经》，李时珍《本草纲目》中叙辰砂有“养精神，安魂魄，益气明目”之功，但过量服用会引起汞中毒。朱砂采制的历史十分悠久，《史记·货殖列传》当中就有记载，秦朝一位寡妇因开采朱砂而致富，“巴寡妇清，其先得丹穴，而擅其利数世，富亦不訾。清，寡妇也，能守其业，用财自卫，不见侵犯。秦皇帝以为贞妇而客之，为筑女怀清台”。女怀清台在今重庆市长寿区，此女因朱砂获利，富甲天下，拥有自己的私人武装，传说秦始皇墓中的水银便是由这位女富商提供。因朱砂“可供耳目之清玩，仙家之服食”，是道士炼丹以求长生的主要材料，又为历代皇室所重。直到今天，作为提炼水银的主要矿物原料，贵州省的朱砂储量和产量仍居全国首位。

明初黔东的一个土司望族田氏便是因这朱砂之利，家族内部引发了一场战争，最终导致自己的覆灭。明朝廷随之新设贵州承宣布政使司和铜仁府，取代土司统治，从而有效地推动了当地行政制度的改革和发展，朱砂的开采权也因此由地方收归中央。

梵净山地区乃至整个黔东的历史，与其他西南少数民族聚居地一样，与土司制度的演进紧密相连。熟悉历史的人应该都听过“思播田杨，两广岑黄”的说法，思州田氏说的便是黔东历史上最大的一个土司家族。思州，唐贞观年间立，辖境中一部分即今印江县地，宋沿袭，继续作为羁縻州。北宋大观元年（1107）田祐恭受封为思州刺史，并为宋王朝平叛立下功劳，田氏一族因而获得较大发展[①]。据嘉靖《思南府志》《元史》《新元史》等史书记载，元至元十五年（1278）田氏归附元朝，元在其统领的地区先后设置新军万户府、安抚司、宣抚司，推行土司制度，隶湖广行省。后思州一分为二，思州宣抚司治所在龙泉坪，因大火迁至清江。至元十七年宣抚司迁还龙泉坪后，清江为思州安抚司治所。至元

① 田敏．论思州田氏与元明思州宣慰司，民族研究 2001 年第 5 期，第 83 页。

十八年思州宣抚司升为宣慰司，二十九年，治所在清江的思州安抚司改为宣抚司。也有人认为思州分为两部应该在元末，分裂出由田氏另一支系管辖的“思南”地区。元末时思州田氏家族矛盾十分尖锐，田茂安因不甘屈居于堂侄田仁厚之下，携地归附大夏国（元末农民起义军领袖明玉珍于1363年在重庆建立的政权），被授予思南宣慰使一职。田仁厚极为恼怒，率兵攻打田茂安；田茂安两子战死，他自己则伤心过度而亡[①]，两家从此仇杀不休。

元至正二十五年（1365），湖南西部的宝庆、靖州等已归朱元璋，贵州东部大门洞开，迫于形势，田氏归降[②]。据《明太祖实录》记载，田茂安之子田仁智于该年率先归附朱元璋，被授予宣慰使一职，以其地置思南宣慰司。朱元璋对他的这一举动十分满意，“天下守土之臣，皆朝廷命吏，人民皆朝廷赤子，汝归善抚之，则汝可长享富贵”。在田仁智之后，田仁厚也主动表示归顺大明，朱元璋将其思州宣抚司升为思州镇西等处宣慰司，任命田仁厚为宣慰使。明洪武二十年（1387），田仁厚孙子田琛继承思州宣慰使一职。明永乐八年（1410），田宗鼎承袭田茂安一系的土司职位。明朝政府还在思州、思南地区增设流官，在两大宣慰司下设置了若干长官司，进一步加强了对当地的统治。田氏声势显赫，管辖的范围有镇远府、务川县、铜人大小江（今贵州省铜仁市）、省溪坝场（今贵州省江口县）等，甚至向东延伸至湘西境内[③]。梵净山西侧的务川、思南、龙泉坪便是因土司田氏的统治而趋于稳定[④]，田氏为明廷安定一方出力不少，作为有效的沟通渠道，纾缓了明廷与苗疆的紧张和冲突；田氏也借助明廷威势，不断向苗疆施加影响，扩大自己的势力范围。思州和

① 胡章丽．明代思州、思南地区改土归流研究，中南大学硕士学位论文 2012 年，第 27 页。

② 田敏．论思州田氏与元明思州宣慰司，民族研究 2001 年第 5 期，第 87 页。

③ 刘新华．土司制度的演变和明代在铜仁的改土归流・上，铜仁学院学报 2007 年第 3 期，第 50 页。

④ 罗康智、翟玉前．论明代“理苗”之失——以铜仁府“苗患”不绝为例，吉首大学学报（社会科学版）2007 年第 4 期，第 103、106 页。

思南二土司与中央保持着密切的往来，《明太祖实录》中保存有二田的多次朝贡和封赏记录，如洪武三十五年（1402）思南宣慰使向中央进贡水银、朱砂，朝廷赐还白金、锦绮、彩帛等。《续文献通考》也存有“明太祖略地湖南，思南及思州来归，置两宣慰使，朝贡不绝”这样的记述。《明史》云：“田仁智等岁修职贡，最恭顺，乃以卫指挥佥事顾成筑城以守，岁赋听自输纳，未置郡县。”谁也未曾料到田氏两家的矛盾最终因争夺“砂坑”（即朱砂矿井）而激化，陷入一发不可收拾的境地。

田氏关系示意图

（思南）　　　　　　　　（思州）

田茂安（归附大夏国）
|
田仁智（率先归朱元璋）　　田仁厚
|　　　　　　　　　　　　|
田宗鼎　　　　　　　　　田琛——妻冉氏

“砂坑”位于当时思州宣慰司与思南宣慰司的交界处，今铜仁市万山特区的岩屋坪、梅子溪一带，朱砂矿藏十分丰富。《明史·贵州土司列传》和明代田汝成的《炎徼纪闻》等对二田争砂坑遭废的整个过程有着详细的记述。田氏二土司本就仇杀不止，因争夺朱砂矿井双方又爆发了大规模的械斗，明朝廷多次劝说无果，派出蒋廷瓒前往视察。思州宣慰使田琛主动要求见皇上禀明真相，蒋廷瓒便带他入京。田琛认为思南原本属于思州，应当重新划归思州。明成祖拒绝了他的要求，并严加斥责，说当年田茂安归附明玉珍的时候，你们为何不把思南地界夺回来呢？现如今划分疆土是朝廷的事，怎么可以由你们来擅自做主。田琛又说了许多思南宣慰使田宗鼎鱼肉百姓的事，朱棣认为双方的矛盾大部分责任在田琛，让田琛回去本分守卫自己的领地，否则就治他的死罪。

田琛回到思州以后却不听朝廷劝阻，与田宗鼎继续争斗。据嘉靖《思南府志》记载，田宗鼎本人“禁民居不得瓦屋，不得种稻，不得从华风，虽有学校，人才不得科贡”，对当地百姓极尽蹂躏之能事。但明朝廷顾及田氏世代相袭，在当地颇有影响力，又考虑到田宗鼎的祖父带头归顺有功，出于稳固思南、思州统治的需要，便抱着息事宁人的态度，希望械斗尽快平息。田宗鼎还与自己的副使黄禧长期不和，“与副使黄禧构怨，奏讦累年”，明朝廷出于大局考虑，将黄禧改任湖南辰州。在争夺朱砂矿井之利时，田琛找到黄禧与之联合，二人一同发兵攻打田宗鼎，杀死其弟，掘了他的祖坟，将田宗鼎母亲的尸体斩首示众。田宗鼎携家眷逃至京城告状，明朝廷多次敕令田琛、黄禧到京为自己辩护，但二人均予以拒绝，反而还派人混入明代的礼乐机构教坊司伺机谋乱，后被人发觉告发[①]。明朝廷于是派出镇远侯顾成前往征讨，田琛、黄禧被俘获并押解到京城。另一边，田琛的妻子冉氏为了救回他，设计怂恿苗民作乱，希望朝廷放回田琛招抚叛民。《明太宗实录》中所记录的“永乐十一年，思州台罗等十四寨苗人苗普亮等，及洪江、横陂等寨苗贼苗普罗哲等二千余人，攻劫屯寨，犯镇远、清浪诸卫”等事件，便是冉氏一手策划的。明成祖只好再命顾成征剿，斩获普亮。

田氏土司的结局，据嘉靖《思南府志·拾遗志》记载：“思州田琛止革去其职，田宗鼎则徙置辽东，并籍没其产，而所属各长官仍其旧也。”《明史》的记录却不大相同，说朱棣本已减免田宗鼎的死罪，让他回到思南，他却不反省，还要报仇再兴事端，只好将他收押。后来田宗鼎被人揭发曾缢杀生母，朱棣认为他渎乱人伦，命刑部严惩其罪，“顾成分其地为八府，贵州为内地自是始，两宣慰废，田氏遂亡”。八府指思南的十七长官司和思州二十二长官司所改之思南、镇远、铜仁、乌罗（后并入铜仁）、思州、石阡、黎平、新化（后并入黎平）八府[②]。永乐十一年（1413）上述八府与安顺、镇宁、永宁（今贵州省关岭县）三州，普定、

① 胡章丽．明代思州、思南地区改土归流研究，中南大学硕士学位论文2012年，第27页；刘新华．土司制度的演变和明代在铜仁的改土归流·上，铜仁学院学报2007年第3期，第51页。

② 田敏．论思州田氏与元明思州宣慰司，民族研究2001年第5期，第88页。

平越、都匀、毕节等十五卫和贵州宣慰司，划归新建立的贵州承宣布政使司管辖①，贵州正式建省，蒋廷瓒是第一任布政使。同时建立的铜仁府，辖境较广，包括今贵州铜仁市、江口县及万山特区北部地，治所在铜仁长官司，后改为铜仁县，即今贵州省铜仁市。

这场自元末以来的田氏仇杀越演越烈，最终因争夺“砂坑”而至顶点，使得明朝廷下决心将田氏二土司废除。但思南、思州二宣慰司的改流并非偶然，有学者认为是社会经济发展而导致的必然结果。自唐以来思南、思州一带逐渐开发，人口日渐稠密。特别是元代，这里是水陆交通枢纽，是湖广至云贵的要道，再加上明代在周边增设卫所，对该地的开发起到了重要的推动作用②。因此，在废除思南、思州二宣慰司之后，明朝廷才能迅速取而代之，建立自己的统治。在许多人的印象里，改土归流是清代雍正朝才开始的，却不知明时已开先例。

贵州、湖南此起彼伏的苗民起义，同样也是让人觉得是到了清朝才产生的问题。雍乾、乾嘉、咸同的数次苗民大起义，抗击了统治者的分化、歧视政策，暴露了“康乾盛世”下西南地区隐藏的问题，在各种骚乱背后，还夹杂有宗教教派和秘密社会等因素的影响。起义因时代变化有了新的内容，但反抗统治者暴政的本质未变。事实上，早在明代，令统治者头疼不已的“苗患”问题在铜仁地区就已存在。因明朝政府处置措施不当，仅嘉靖一朝，自嘉靖十九年（1540）至三十九年，苗民起义就延续了20多年，不少高级官员因平定不力而获罪。铜仁地区往往是刚给朝廷报捷，叛乱又起的消息便接踵而至。当时弹劾地方官员的巡按御史，奏折中就常提起“湖广、贵州两省联兵十万，对付区区三千叛苗，却数年未平”③，所以尽管世袭的田氏土司势力被铲除，但要保持当地民

① 杜怀亮．试述“改土归流”与贵州建省的关系，贵州社会主义学院学报2012年第3期，第47页。

② 田敏．论思州田氏与元明思州宣慰司，民族研究2001年第5期，第89页。

③ 罗康智、翟玉前．论明代“理苗”之失——以铜仁府“苗患”不绝为例，吉首大学学报（社会科学版）2007年第4期，第103页。

族区域的稳定与发展，形势依然严峻。

贵州建立行省以后，明朝廷经过长期经营，逐步建立一批府州县，扩大了流官的统治范围，进一步稳固了贵州省的行政建制，各府州县兴办官学，书院也开始发端。虽然贵州仍是“土流并治”的局面，但土司势力大为削弱。贵州建省还使得云南（元代建省）结束了长期孤悬边陲的状态，云贵成为一体，与内地联系更为密切，加强了中央王朝对西南边疆的控制①。当然，贵州行政区划的完善和今日的管辖范围，是至清代才得以完成和奠定的。今铜仁西南的印江土家族苗族自治县，在清代以“书法之乡”称誉全国，便是与明初以后府县皆立学馆，印江学子多附府受业、文风鼎盛大有关系。清光绪十七年（1891）颐和园竣工，广征名家书写园名，慈禧都不中意。因庆亲王的推荐，来自印江的举人严寅亮所书“颐和园”三字技压群芳，获得慈禧赏识，除园名以外，园内18方匾额和23副楹联都是出自他的手笔②。

梵净山的佛教兴自明初，也是与贵州建立行省关系密切。有人研究认为，贵州布政司和贵州八府设置的时期，正值高僧道衍（1335—1418年）倡修净土的主张得到朱棣大力支持，净土宗复兴，当时梵净山连接思南、铜仁、石阡、乌罗四府，官员争相拜谒拥有净土道场的梵净山，而使其香火日盛③。净土宗是中国佛教中教义最简单的宗派，影响最为广泛，以专修往生阿弥陀佛净土（即西方极乐世界）的法门而得名。净土宗因简单易行，宋以后日益盛行，佛教各宗派逐渐以求生净土作为共同的归宿，正所谓中国人不一定都懂得净土宗，但却知晓诵一声“南无阿弥陀佛”。明永乐以后，有关梵净山开发和佛教发展的记载日益增多。由梵净山金顶的摩崖《院道碑》可知，约在明万历三年（1575），经贵州都察院批准，印江知县雷学皋重建寺宇，“承招善人，开砍路到（道）通行

① 杜怀亮．试述“改土归流”与贵州建省的关系，贵州社会主义学院学报2012年第3期，第49页。

② 钝犁．印江土家族书法家与“印江书法之乡”，贵州民族研究1997年第3期，第138页。

③ 杨兴英．梵净山佛教文化渊源，黔东南民族师范高等专科学校学报2004年第5期，第60页。

朝觐，起塑庵殿”，梵净山不再是一座人迹罕至的荒山[①]。曾巡抚贵州的青螺先生郭子章，在其《黔记》一书中盛赞“贵州山以梵净山为第一，可比天台”。郭子章，号青螺，隆庆进士，他一生久在官场却始终读书著述不辍，人称“宦辙所至，随地著书”，仅《四库总目》所录，他就有20余种著作存世。他治学涉猎很广，介绍过西方地理知识，还精通医学，在明代十分有名。郭子章任贵州巡抚期间，于万历二十七年领兵征讨过播州土司杨应龙。

播州杨氏便是与思州田氏齐名的另一个土司家族，在今遵义一带，世袭二十九世，先祖自唐代始踞播州。元统一全国以后，至元十四年（1277）播州首领杨邦宪以地降，被授予安抚使。明朝沿用土司制度，仍让杨氏任播州宣慰使，派驻军队协助治理，同时要求杨氏派子弟进京学习，规定每年须交纳田税等，从多方面加强了对该地区的统治。万历以前，播州土司与明王朝关系较为密切，随着杨应龙势力日益增长，据《万历三大征考》所记，他“渐骄蹇，轻汉法”，对明政府不再服从。后来杨应龙反明兵败自杀，明朝于万历二十九年乘机废播州宣慰司，在播州地区设置二府二州八县，播州自唐代起，历时700余年的杨氏统治遂告结束。杨应龙败退时部分武装曾到过梵净山，山上寺庙因战事而毁坏[②]，《敕赐梵净山重建金顶序碑》中“既自播乱之后，传闻四方，往来朝觐人稀”的记载，反映的便是这个时期[③]。

明万历时统治者礼佛事佛，佛教兴隆，梵净山虽经播州之乱，却因统治者重视，很快便重获新生。万历生母李太后虔诚向佛，《明史》云其“京师内外，多置梵宇，动费钜万，帝亦助施无算”。当时还涌现了“明末四大高僧”——莲池袾宏、紫柏真可、憨山德清和藕益智旭，其中临济宗下禅师憨山德清影响最大。万历四十六年，皇帝命僧人妙玄重建梵

① 李敦礼．梵净山开发史考辩，贵州民族研究1997年第3期，第92页。

② 王路平．贵州第一佛教名山梵净山佛教考论·上，贵阳师范高等专科学校学报（社会科学版）2005年第1期，第14页。

③ 李敦礼．梵净山开发史考辩，贵州民族研究1997年第3期，第94页。

净山金顶，妙玄是梵净山临济禅宗的开山祖师，曾师从憨山德清。梵净山禅宗法脉正宗，代有传人，绵延至民国后期，此为后话①。户部郎中李芝彦为此撰写了《敕赐梵净山重建金顶序碑》一文，当中记录了梵净山的佛事盛况，“海内信奉而奔趋，不啻若云而若水；王公大人之钦谒，恒见月盛而日新。久已灵驰于两京，倾动于十三布政，劳旌于抚按、频顾于道府，诸侯莫不期以魂交黄帝而梦接安期”②。相传万历皇帝的国舅隐居在梵净山，另一种说法为万历的第九个皇娘李皇后出家来到梵净山③，传说无据，却都使得世人津津乐道。统治者上行下效，加上官方的大力支持，梵净山的佛教发展迅速，流传着这样的传说也不足为奇。

明清两代梵净山佛教活动大兴，这座山的钟灵毓秀和“梵天净土”的特色，也随着佛教徒的传播而声名远扬。梵净山及其周边一带受到佛教影响，可追溯至唐代，因牂牁道的开辟而佛教传入。《资治通鉴》记载：“唐贞观十三年（639），渝州人侯弘仁开辟牂牁道，经西赵出邕州，以通交、桂。”唐义净《求法高僧传》中有“唐僧二十许人，从蜀道牂牁而出”的记录，可见这条古代西南贸易古道，同时也是佛教传播的重要线路。民国《贵州通志》称，宋代思州田氏的先祖田祐恭曾修建僧寺、归信佛法。梵净山多沟谷深邃，古木参天蔽日，林间溪流纵横，是僧侣们追求远离尘世的最佳修炼之所，也正应合了旧时“自古名山僧占先”的说法。现如今，梵净山是全国佛教名山中唯一的弥勒菩萨道场。弥勒信仰是一种以弥勒菩萨为崇奉对象的宗教信仰，伴随佛教传入中国，弥勒道场即是传说中弥勒菩萨修行或化现的场所。类似的佛教道场，全国还有四川峨眉山的普贤菩萨道场，山西五台山的文殊菩萨道场，浙江普陀山的观音菩萨道场和安徽九华山的地藏菩萨道场。梵净山山中自然风光多以佛教典故比附④，数百里

---

① 王路平．黔东梵净山临济禅宗灯系考述，贵州社会科学 2006 年第 6 期，第 150 页。

② 王路平．贵州第一佛教名山梵净山佛教考论·上，贵阳师范高等专科学校学报（社会科学版）2005 年第 1 期，第 15 页。

③ 李敦礼．梵净山开发史考辩，贵州民族研究 1997 年第 3 期，第 93 页。

④ 任继愈主编．佛教大辞典，南京：江苏古籍出版社 2002 年版，第 1088—1089 页。

山内，遍布梵刹庙宇，常年云腾雾绕。每当久雨初霁，在2000多米的山巅，湿度条件适合的时候，背日而立，在特殊的光学条件下，就有机会在云端看到自己的影像身处一片霞光之中，这是梵净山在高山云雾的自然条件下，所呈现的独特光景①，也是人们经常提到的梵净山“佛光”。

梵净山日出神农顶

梵净山属武陵山系，自海中抬升为陆地的时间距今约10亿—14亿年，经历了地球几次显著的构造运动，形成了千姿百态的地貌景观，诸如标志性景点“蘑菇石”和“万卷书”，两者经亿万年风霜打磨，妙趣天成，常引世人遐想。站在梵净山金顶远眺，山峦峥嵘磅礴，却又奇峰相叠，高低错落，展示了大自然的参差之美。梵净山地区拥有古老的地层和优良的生态环境，是地球冰川期的生物“避难所”，有保存完整的原始森林，生长着许多古老的孑遗植物和珍稀植物，如国家一级保护植物珙桐、冷杉、桫椤等，珍稀濒危动物有“世界独生子”之称的黔金丝猴、黄腹角雉、大鲵等。梵净山自然保护区于1978年建立，1986年经国务院批准为首批国家级自然保护区。

梵净山自然、人文景观丰富，吸引着古往今来的民众来此寻求心灵的慰藉，探访自然的神奇。

① 袁世全主编．中外誉称大辞典，北京：北京燕山出版社1991年版，第1143页。

第四章　开发·地名

阿尔金山——楼兰鄯善与汉统西域

阿尔金山，我国著名山脉之一，在新疆维吾尔自治区东南，柴达木和塔里木两个盆地中间，西起新疆维吾尔自治区南部且末县，东至青海省当金山口与祁连山相接，全长 720 千米。“阿尔金”在蒙古语中意为“柏树”，此山最高处为新疆维吾尔自治区若羌县城东南的尤苏巴勒峰，海拔 6161 米。1985 年阿尔金山国家级自然保护区成立，地跨新疆、青海、西藏、甘肃四省，属于全国最大的自然保护区，为青藏高原北部地带的一个封闭性盆地。在阿尔金山北麓，分布着众多绿洲，这些绿洲虽然面积很小，历史上却是汉代西域开发较早的地区。如果放眼阿尔金山以北地区，还会与历史上有名的“楼兰古国”相遇。

阿尔金山

中国古代文献中记载的楼兰国，大致在塔里木盆地东段，北及天山东段南缘，东到罗布泊湖盆，南抵阿尔金山和昆仑山东段以北，西至塔克拉玛干沙漠边缘这样一个地理范围，也就是罗布泊的西部和南部，历史学家们称之为“楼兰地区”①。在19世纪末兴起的西域探索活动中，罗布泊西岸被废弃的古代城址中出土有汉简和佉卢文木简，当中就有“楼兰”一名的记录，这些宝贵的文物资料为学者推定楼兰国的地理方位提供了重要依据。楼兰国在罗布泊以西和以南地区，这与中国史籍中“楼兰、姑师邑有城郭，临盐泽”的记载也十分吻合，盐泽即今之罗布泊②，但楼兰城址具体在哪儿，学术界至今仍有争议。

在西汉的势力进入西域以前，楼兰一直是匈奴的附属国。西汉文帝四年（前176），据《史记》《汉书》中“匈奴传”记载，匈奴冒顿单于致信汉文帝，信中提到匈奴已经征服“楼兰、乌孙、呼揭及其旁二十六国”（实为三十六国），带有强烈的炫耀和威胁之意③。楼兰地区，作为政治实体第一次进入了史家的视野。当时匈奴的西边日逐王，为了统御西域诸国，设立僮仆都尉，据《汉书·西域传》记载，僮仆都尉“常居焉耆、危须、尉犁间”，其主要职能之一便是征收赋税，“赋税诸国，取富给焉”，楼兰与其余各国一样，需要向匈奴交纳赋税。在这段时间里，匈奴将西域这片广袤的地界作为大后方，不断侵扰汉朝，劫掠人口，数度威胁首都长安。西汉迫不得已采取“和亲”政策，派出公主和亲，据学者不完全统计，和亲期间匈奴仍有九次“违约”，入侵汉朝掠夺④。

西汉建元三年（前138），汉武帝得知匈奴大败大月氏后曾以其王之头为“饮器”，大月氏人十分怨恨匈奴，便派出张骞寻找大月氏结盟，共同抗击匈奴。只可惜此时的大月氏人已经西迁，大月氏国对于张骞一行人来说，是十分遥远而陌生的。张骞在途中还被匈奴扣押了10年，历经艰险逃脱后，先到大宛，再到康居。公元前128年，在“妫水”（阿姆

---

① 肖小勇．楼兰鄯善与周邻民族关系史述论，新疆社会科学2008年第4期，第112页。

② 肖小勇．楼兰鄯善与周邻民族关系史述论，新疆社会科学2008年第4期，第112页。

③ 王子今．“西域”名义考，清华大学学报（哲学社会科学版）2010年第3期，第101页。

④ 李大龙．西汉派往西域的使者述论，民族研究1990年第6期，第68页。

河）以北，距大宛以西1000公里左右的地方，他终于找到大月氏国。西汉元狩二年（前121），伴随对匈奴作战的胜利和浑邪王的归附，汉朝终于开辟了通往西域的道路，自敦煌向西修城障直到玉门关、阳关。玉门关在今甘肃省敦煌市西北80公里处，阳关则在今敦煌市以西70公里的地方。汉通西域的影响远超军事范围，并且经由张骞的开拓，诞生了举世闻名的“丝绸之路”。这位卓越的探险家与外交家，几乎将一生贡献给了丝绸之路，他的两次出使和探索，引发了汉武帝对西域的浓厚兴趣，这位好大喜功的帝王渴望看到更为广阔的世界。除张骞以外，西汉开始向西域派出大量使者，奔走于中原与西域之间，或为说客，或率军征讨，加强了西域与汉朝的联系。

西出的汉使因天山北麓为匈奴所据而取道楼兰，楼兰是出玉门关、阳关以后首个具备补给能力的地方①。楼兰地区仅东面的疏勒河谷有出口与河西走廊连接，处于中西陆路交通的咽喉地带，在丝绸之路上起到中继站的作用。学者据史籍统计，这些使者当中有名有姓的共27人，先后30次出使西域②。《史记·大宛列传》记载：“使者相望于道，一岁中多至十余辈”，“诸使外国，一辈大者数百，少者百余人”。后世的人们常误认楼兰是沙漠中少有的绿洲，丰饶异常，可与同期西域36国相比而言，它的自然条件并不是很好。这一地区在《汉书》中就属于“地沙卤少田，寄田仰谷旁国，多芦苇、柽柳、胡桐、白草”的干旱荒漠地带③。当大批汉使来到楼兰时，楼兰需要“常主发导，负水担粮，送迎汉使，又数为吏卒所寇”，时间一长，接待汉使的工作成为了楼兰难以承受的负担，《汉书·西域传》记载“楼兰、姑师当道，苦之”④。其次，西汉使节也有过错，这些人当中，不少人只是为到西域各地贸易谋取私利，多“妄言无行之徒”，给汉朝在西域的经营造成很大的负面影响。楼兰与西汉使

① 肖小勇．楼兰鄯善与周邻民族关系史述论，新疆社会科学2008年第4期，第113页。
② 李大龙．西汉派往西域的使者述论，民族研究1990年第6期，第67页。
③ 王北辰．若羌古城考略，干旱区地理1987年第1期，第45页。
④ 肖小勇．楼兰鄯善与周邻民族关系史述论，新疆社会科学2008年第4期，第113页。

节之间冲突不断，匈奴在当中又起到激化作用，汉朝想要在西域事务中占据主导地位，势必要取得对楼兰国的控制权，才能与匈奴在西域展开争夺。

西汉元封二年（前109）汉武帝又发动了一次进攻匈奴的战役，从骠侯赵破奴击退匈奴之后，与辅将王恢以七百骑首次攻破楼兰，俘获楼兰王。楼兰国的对外关系转为同时臣服于匈奴与汉两国，但楼兰“被破”却并不意味着匈奴势力的削弱，匈奴对楼兰的影响仍在。此时匈奴已被逼退入漠北，汉与匈奴的主战场转移到了西域，楼兰是汉出西域的第一道关口，自然成为双方激烈争夺的焦点。这也是近代以来在楼兰发掘的文书多与军事有关的原因，斯文赫定在《我的探险生涯》中提到，发掘的文书中随处可见“骑兵、矛兵、马兵、兵车、攻城的战具，军用的货车，各种武器，军令以及兵军督察，轴重督察等各种官员”。汉武帝太初三年（前102）贰师将军伐大宛，基本实现武帝一直以来“勤远略”的心愿，整个西域镇服，纷纷归属汉朝①。楼兰却仍听命于匈奴，并协助匈奴一同阻击汉朝军队，于是汉军再次攻破楼兰，楼兰王又一次被俘获。他向武帝坦言：“小国在大国间，不两属无以自安”，汉武帝觉得言之有理，便将其放回。在之后的20余年里，楼兰国一直保持着“遣一子质匈奴，一子质汉”的状态，一旦新王继位，又分送出两子给汉、匈当人质，从中也能看出这一阶段汉、匈在楼兰实力均势。后来楼兰王病危，在匈奴为质子的楼兰王子安归事先得到消息，抢先一步回到楼兰继位。之后，安归采取一边倒的亲匈策略，将汉、匈在楼兰的这种均衡局面打破。安归数次被匈奴反间，遮杀汉使，“楼兰王安归尝为匈奴间，候遮汉使者，发兵杀略卫司马安乐、光禄大夫忠、期门郎遂成等三辈，及安息、大宛使，盗取节印献物……”，阻隔了汉与西域的交通。汉王朝不得不下定决心扫清这一障碍，昭帝元凤四年（前77）派出平乐监傅介子袭杀楼兰王。

---

① 秦卫星．班超与西域，新疆大学学报（哲学社会科学报）1983年第1期，第67页。

傅介子，西汉北地义渠（今甘肃省庆阳市西南）人，受命出使楼兰，亲匈奴的楼兰王安归不愿接见。傅介子让人给安归传话：“汉使者持黄金锦绣行赐诸国，王不来受，我去之西国矣。”楼兰王贪图汉朝财物，立马赶来会见傅介子。傅介子拿出随行的财物让他一一过目，并趁宴饮渐酣时对他说：“天子使我私报王”，安归随即屏退左右侍从，跟着傅介子进入帐中密谈。这时傅介子预先埋伏的两个壮士拿刀从背后刺向安归，他当即倒地毙命。傅介子出来向众人宣告：“王负汉罪，天子遣我来诛王，当更立前太子质在汉者。汉兵方至，毋敢动，动，灭国矣。”慑于汉朝威势，楼兰国并未动乱。后来傅介子带着楼兰王安归的脑袋回朝廷报告，他不费朝廷一兵一卒就能斩杀楼兰王的赫赫功绩，赢得文武大臣的交口称赞，昭帝下诏封他为义阳侯。而这位孤胆英雄诱斩楼兰王、立功西域的传奇激励了无数后来者，东汉班超“投笔从戎”，为汉家完成使命，便是受到他和张骞的事迹影响。直至唐代，“斩楼兰”仍是众多渴望杀敌建功、实现出将入相人生梦想的士子们常引的典故，如张九龄的“自然来月窟，何用刺楼兰”，李白“愿将腰下剑，直为斩楼兰”，以及岑参“前年斩楼兰，月下平月支”等，于唐诗中俯拾皆是，“黄沙百战穿金甲，不破楼兰终不还”甚至成为了唐诗中一种特殊的情结。

经此一事，楼兰国时代宣告终结，傅介子立安归的弟弟尉屠耆为王，更名其国为鄯善并迁都，楼兰地区进入了鄯善国统治时期。鄯善迁都后的新址位于罗布泊西南方，学者王北辰经过考证认为：汉代的鄯善城应在今若羌旧县城以东约20步。若羌旧县城在唐代唤作石城镇，到了清光绪二十八年（1902），石城镇被清人误认为是西汉时的婼羌国都，并据此设立了婼羌县。20世纪50年代“婼羌”简化为“若羌”，沿用至今。实际上，婼羌只是汉代活动在鄯善东南方的一个羌族部落，仅为西域小国，在今阿尔金山北麓一带[①]。因此王北辰先生认为，无论从地理、历史还是

① 王北辰．古代西域南道上的若干历史地理问题，地理研究1983年第3期，第34页。

民族任何一方面考虑，清人以婼羌命名此地都是十分不妥当的[①]。鄯善立国之后，西汉昭、宣之际，匈奴因内部纷争而势衰，汉朝逐渐把匈奴势力逐出西域。宣帝神爵二年（前60）匈奴日逐王降汉，僮仆都尉废，汉置“西域都护府”统辖西域，标志着汉朝对西域建立起直接的统治[②]。鄯善国与西汉之间，保持着稳定的属国与宗主国的关系。《汉书·西域传》记载，当时中原到达西域各国有南北两道，“自车师前王庭随北山波河西行至疏勒，为北道”，具体路线不详。有学者推断“北道”是出玉门关沿今天山山脉往西，翻越葱岭即帕米尔高原再向西；鄯善国则处于出阳关以西，沿着今阿尔金山、昆仑山脉一线再越葱岭的南道，即塔里木盆地南沿，今和田以东至若羌县的广大地域[③]，除鄯善国以外，还散布着且末、精绝、于阗等国。

东汉初年，汉朝无暇西顾，鄯善与车师、焉耆等西域诸国几次遣子入侍，请汉立都护，都被光武帝以“中国初定，北边未服”为由拒绝，鄯善不得已归附匈奴。西域各国重又陷入相互征伐的混乱状态，匈奴再次控制西域。东汉明帝时鄯善进入了强盛时期，通过长期的兼并，占有小宛、精绝、戎卢和且末等小国，与于阗一同成为西域南道上的两个大国[④]。明帝末年，社会生产恢复，汉朝重新投入反击匈奴的战斗，开始了史家所称中原与西域“三绝三通”的历史时期。班超父子登上历史舞台，鄯善国与汉朝的关系便处于班超父子经营西域的大背景之下。

据《后汉书·班超传》记载，汉明帝永平十六年（73）窦固奉命出击匈奴，班超任假司马率偏师进攻伊吾，“战于蒲类海，多斩首虏而还”，因战绩突出被派往西域[⑤]，首站便是鄯善。鄯善王广刚开始“礼敬甚备”，但很快就变得怠慢起来，班超疑惑之余，推测定是匈奴使者到来。他随

① 王北辰．若羌古城考略，干旱区地理 1987 年第 1 期，第 50 页。
② 秦卫星．班超与西域，新疆大学学报（哲学社会科学报）1983 年第 1 期，第 67 页。
③ 王北辰．古代西域南道上的若干历史地理问题，地理研究 1983 年第 3 期，第 30 页。
④ 肖小勇．楼兰鄯善与周邻民族关系史述论，新疆社会科学 2008 年第 4 期，第 115 页。
⑤ 余太山．东汉与西域关系述考，西北民族研究 1993 年第 2 期，第 19 页。

后从侍者口中确知匈奴使者已经到达，正在离间鄯善与汉朝的关系。在此危急关头，班超号召同行的36人“不入虎穴，不得虎子”，在敌我悬殊的形势下，主张“独有因夜以火攻虏，使彼不知我多少，必大震怖，可殄尽也”。当晚班超便率36人火攻匈奴使团驻地，匈奴使节和随从全被汉兵杀死，鄯善王由此打消了顾虑，臣属汉朝。鄯善首战告捷，明帝诏令提升班超为军司马[①]。班超同众人继续西行，到达于阗。于阗王同样迫于匈奴压力，对班超“礼意甚疏”，故意强拿班超坐骑来祭神。班超一开始佯装答应，乘巫师来取马时将其斩杀，并鞭笞了在背后使坏的国相，找人将巫师首级送还给于阗王。于阗王大惊，立马杀掉匈奴使者，与汉朝重归于好。永平十七年（74）初，班超来到了于阗以西的疏勒国，同样用计改立新王。汉朝的影响在西域迅速扩散，东汉趁机设置西域都护、戊己校尉，攻取伊吾卢地，置屯田官“宜禾都尉”，于阗诸国皆遣子入侍，西域隔绝65年后重新开通。班超带领着东汉北征西域的先遣部队，仅用一年时间就完成了重开西域的使命。

然而，不甘于失败的匈奴很快便卷土重来，与汉王朝继续争夺西域的控制权。公元75年，汉明帝驾崩，焉耆、龟兹在匈奴的鼓动下攻破西域都护，车师还与匈奴一道围困汉朝的戊己校尉。《后汉书·西域传》记载：“建初元年春，章帝不欲疲敝中国以事夷狄，迎还戊己校尉，不复遣都护。二年罢屯田伊吾”[②]，班超在疏勒陷入孤立无援的境地，章帝诏令他回京。而班超苦心经营西域的努力在此时也终见成效。值此危难之际，鄯善即刻出兵助汉，解救了被匈奴围困于车师后部金蒲城的戊己校尉耿恭[③]。汉朝的统治深得民心，疏勒听闻班超要走举国忧恐，该国都尉对班超说：“汉使弃我，我必复为龟兹所灭耳，诚不忍见汉使去”，说完竟引

---

① 秦卫星．班超与西域，新疆大学学报（哲学社会科学版）1983年第1期，第68页。

② 肖小勇．楼兰鄯善与周邻民族关系史述论，新疆社会科学2008年第4期，第115页；李正周．东汉“三绝三通”西域与“羌祸”之关联，烟台师范学院学报（哲学社会科学版）2004年第3期，第25页。

③ 肖小勇．楼兰鄯善与周邻民族关系史述论，新疆社会科学2008年第4期，第116页。

刀自尽。于阗则是王侯以下众人恸哭："依汉使如父母，诚不可去"，紧紧抱住班超的马腿不放，劝他留下。班超见此情景迅即掉转马头，上疏朝廷，一方面表明自己建功西域的决心；另一方面陈情疏勒等国赤诚向汉，忠心可用，希望朝廷派兵驰援。东汉建初五年（80），章帝遂派出徐干等1000多人马支援班超，扭转了危机。班超在西域多年，不断遭遇各小国的摇摆不定和叛变，他善于洞察人心，在力量悬殊之际，常出其不意巧施妙计，抓住一切机会主动出击，伏击诱杀敌人，付出了难以想象的艰辛，《后汉书·班超传》活脱脱就是一部他本人的大漠英雄史。班超对西域"南道"的经营同样令后人瞩目，他数年间不断往返于鄯善、于阗、疏勒之间，对西域南道非常熟悉，他就是从这里派出了甘英出使大秦。一直到唐代，7世纪，玄奘西行至印度取经，回国先到于阗，走的还是南道，至敦煌而后回长安。13世纪马可·波罗由中亚地区到达沙州即敦煌，走的依然是南道①。

经过班超的长期经营，莎车、月氏、龟兹、姑墨、温宿等国纷纷来降，和帝永元三年（91）汉朝重新设置西域都护和戊己校尉。94年班超率西域八国一举平定焉耆，至此据《东汉会要》记载："西域五十余国悉纳质内属"，东汉第二次打通西域，班超立下了汗马功劳。102年，"臣不敢望到酒泉郡，但愿生入玉门关"的班超，终于实现一生奢望，拖着残躯回到了洛阳，仅月余就因旧疾复发辞世②。和帝崩，西域再次为北匈奴所统，安帝永初元年（107）汉朝再次罢都护，弃西域，尽管如此，元初六年（119）鄯善王仍选择降汉。至延光二年（123）班超之子班勇出任西域长史，率兵屯柳中时，特意表彰了鄯善归附。四年之后，鄯善出兵助班勇大破车师后部王③。班勇最终完成了东汉第三次重开西域的使命，他本人自幼随父在西域长大，深悉西域道里、风土和政治情况，《后

① 王北辰．古代西域南道上的若干历史地理问题，地理研究1983年第3期，第32、33页。

② 殷晴．班氏家族与汉代西域——系列研究之一——家世兴衰与社会背景，西域研究2009年第4期，第18页。

③ 肖小勇．楼兰鄯善与周邻民族关系史述论，新疆社会科学2008年第4期，第115页。

汉书·西域传》便是以他的记述为蓝本。班氏一门亲历边地，深谙各民族风俗，面对“难养易败”的困境毫不动摇，为汉室的西域政策贡献尤巨。在北匈奴遣使求亲，汉廷以为匈奴变诈加以拒绝时，班超的哥哥班固能够坚持“所因时异，然未有拒绝弃放，不与交接者也……绝之未知其利，通之未闻其害”的对匈政策。在敦煌长史索班千余人为匈奴袭击覆没，满朝公卿热议“闭玉门，弃西域”时，班勇挺身而出，以为放弃西域“则西域望绝”，北匈奴必然“专制西域”，等于是“示弱于远夷，暴短于海内”[①]。他富有远见，认为“缘边之郡将受其害，恐河西城门必须复有昼闭之儆矣”[②]，力主恢复都护，并从政治、军事和经济诸多方面展开工作，最终在历史上取得“扞抚西域”的丰功伟绩。

从楼兰到鄯善，历经两百多年，伴随匈奴与汉王朝在西域的角逐和双方势力的此消彼长，楼兰、鄯善与汉王朝逐步建立了稳固的关系，即便有过断绝，但在汉统一西域的行动中起到了重要作用。

鄯善国自公元前 77 年由楼兰改名以来，延续了 525 年，一直到 448 年即北魏太平真君九年，被北魏攻灭。隋代，杨广从吐谷浑手中夺回鄯善，于 609 年在当地始设郡县。唐贞观年间，康居国（以今中亚撒马尔罕为都城的古国）首领康艳典东来，被唐委任为镇使，在汉鄯善城以西的地方筑新城，名为石城镇。之后鄯善地区还来过吐蕃人、回鹘人等，马可·波罗路过时曾记录当地人信仰的是伊斯兰教[③]。有学者根据罗布泊出土的佉卢文书推断，鄯善国与贵霜帝国还存在关系，237 年左右，在贵霜衰亡之时，一些贵霜人可能流亡到鄯善，所以带来了佉卢文[④]。这个帝国由大月氏人的贵霜部落建立，于 1 世纪兴起，当时汉绝西域多年，复通西域后仍以大月氏呼之，所以中国古代文献中，该王朝仍被记为大月氏。2 世纪中期，贵霜帝国的统治疆域，西起咸海，东至葱岭，北自花剌

① 吴如嵩. 中华军事人物大辞典，北京：新华出版社 1989 年版，第 15 页。
② 柳用能. 班勇生平考，新疆大学学报（哲学社会科学版）1978 年第 2 期，第 65 页。
③ 王北辰. 若羌古城考略，干旱区地理 1987 年第 1 期，第 48—50 页。
④ 肖小勇. 楼兰鄯善与周邻民族关系史述论，新疆社会科学 2008 年第 4 期，第 115 页。

子模，南括印度河和恒河流域，是一个连亘中亚和印度西北部、地处东西方交通要道的庞大帝国。贵霜帝国没有自己的文字，最早借用佉卢文为官方文字，文化艺术上融合了古印度、伊朗和希腊文化，具有独特风格，对中亚有很大影响。在魏晋时期，贵霜的壁画、雕塑等艺术和石窟建筑沿丝绸之路传入中国。

今天的楼兰鄯善地区大多已是一片荒漠，两千年之后再回首，你会惊觉无论是匈奴、大汉还是西域众国，伴随刀光剑影散去，胜败荣辱都敌不过血肉亲情的建立，民族融合原来早已在他们之间悄然发生。有学者查诸史料研究之后发现，班超的祖母原系匈奴后裔，班超的祖父班稚娶了原匈奴休屠王太子金日磾侄孙金敞之女为妻。金敞是休屠王的直系曾孙，汉元帝时封骑都尉、光禄大夫、中郎将、侍中，因为人正直敢言，与名臣萧望之等“并拾遗左右”①。班超有三子，班勇为第三子，“少有父风”，是班超的西域夫人所生。

阿尔金山静默地伫立，见证了这一切被风沙掩盖的往事。

张家界——张良退隐传说下的明清湘西北开发

在人类未来的2154年，宇宙中一个神秘的潘多拉星球上，巨型岩石因特殊的磁场都飘浮在空中，这些星罗棋布的悬浮山被称作“哈利路亚山”，除了绿树点缀其上，有的还有瀑布从它周围的崖壁间倾泻而出。在这个美不胜收、令人惊叹的异世界里，纳美人骑着飞天翼兽穿梭于悬浮山间。这是美国科幻电影《阿凡达》中经过特效技术处理而呈现出的震撼性的美，给全球观众带来了无与伦比的观影体验，从2009年至今，影片仍保持着世界电影史上最高票房收入的纪录。该电影的创作灵感据说来自于张家界的自然美景，如果你来到这里，就会发现此言不虚。千峰

① 殷晴．班氏家族与汉代西域——系列研究之一——家世兴衰与社会背景，西域研究2009年第4期，第19—20页。

耸立的张家界遍布松柏、奇峰异石，且都高耸入云，溪绕云谷，展现着大自然的神奇。著名景点乾坤柱耸入云霄，顶部植被葱郁，四周为陡峭绝壁，便被人认作是“哈利路亚山”的原型。这种奇观虚幻之后可谓与电影主题珠联璧合，凸显了张家界的自然魅力和无限价值。

张家界自然保护区位于湖南省张家界市东部，是中国第一个国家级森林公园，于1982年建立，原为张家界国有农场。张家界市位于湖南省西北部，澧水中上游，明洪武九年在此地置大庸卫，因临庸水之阳，名曰大庸，属湖广都司，明建文初改永定卫。清雍正十三年（1735）置永定县，1914年因与福建永定县同名，改为大庸县，属湖南武陵道。1958年改设大庸市，1994年因张家界森林公园改名张家界市，辖永定、武陵源两区和慈利、桑植两县，是少数民族聚居区，以土家族、白族、苗族为主。

张家界乾坤柱

张家界地区，秦代隶属黔中郡管辖，两汉改隶武陵郡，在漫长的历史时期，这里是中原王朝鞭长莫及之地，却也是众多民族避乱生息之所。这里的民族保留着巴人忠义尚武的传统，自东汉的相单程起义开始从不屈服于统治者的暴政。直至近代，这里成为了湘鄂川黔革命根据地的发源地，是无产阶级革命家贺龙元帅的故里，当年有4.7万人参加红军，牺牲1.8万人。

历史上，张家界自然保护区一带并没有统一的名称，清代人们常以今属张家界一部分的青岩山泛指此地。一般将百丈峡到黄石寨一带称为青岩山，黄石寨至朝天观一带称朝天山，自沙堤朝阳以上的磨子峪至锣鼓塔老磨湾一带则称作张家界。清道光《永定县志·山川》记载："无事溪发源于张家界。"民国《慈利县志·地理》记载："索溪上源出大庸张家界。""界"在当地人语言中有这样两层含义：一是指界限、范围；二是指高山、高原，如袁家界、郑家界、苏家界、杉木界等。张家界之"界"，上述两义兼而有之。关于张家界一名的来历，有一部分人认为是因明代张万聪的封地在此，他祖籍江西，是成化年间永定卫大庸所指挥使，举家迁居来到这里，后来这一带成为了张氏子孙的世袭领地，由此得名"张家界"①；另一种说法则将此处认作张良死后的归葬地，将这称为"张家界"，这种说法流传颇广。

据说西汉的张良退隐之后云游天下，到张家界追寻赤松仙子，病逝后就葬于当地。道光《永定县志·仙释志》载："张良从赤松子游，有墓在青岩山。"《明一统志》卷六十二记载："赤松山与天门山对峙，赤松子常隐此，上下数十里号赤松村。"赤松子，秦汉传说中的上古仙人，是神农雨师，相传能入火自焚，随风雨而上下。早在宋代，《太平寰宇记》中就载赤松子在金华山以火自烧而化，并且其升天处为赤松涧。张良墓在张家界的说法，或许是和赤松子隐居赤松山的传说结合以后衍生出来的说法。实际上，张良从赤松子游的地方，在志书中说法不一，同治《苏州府志》、雍正《山西通志》《河南通志》中都有二人游历至当地的记录。而至于张良墓，全国多地都有相关的传说，知名的有江苏沛县、山东平阴县及张家界等。沛县传说有张良墓，是因当年张良孤胆刺秦皇失败后隐居于下邳（即今沛县），后汉高祖又封他为留侯，封地为留城，也是沛县东南。文献依据是唐李泰的《括地志》，该书提到"汉张良墓在徐州沛县北六十五里，与留城相近也"，这也是留城故地

① 尚立晰、向延振主编．张家界市情大辞典，北京：民族出版社2001年版，第2页。

有张良墓的最早文献记录。另一说则因黄石公授兵书与张良即在谷城山下，即今山东省平阴县境内。以上两个地方与张良一生的重大事件都有关联，流传这样的说法不足为奇。宋人宋敏求的《长安志》记载："张良墓在（咸阳）县东北三十六里。留侯陪葬长陵，与高祖长陵相去五里。"① 张良与同赐葬长陵的萧何、曹参相比，同样功高位重，又都备受惠帝和吕后尊崇，陪葬长陵也是情理之中。依照史料来源而言，"江苏沛县说"在唐人的地理著作中就有记载，更为有力一些。可以肯定的是，张家界与张良墓两者间的联系，只是基于查无实据的传说，不足信。张良在传统文化中地位很高，历代文人为他留下的题咏不计其数。从李白的"沧海得壮士，椎秦博浪沙"，到辛弃疾的"一编书是帝王师"，中国古代士人都希望如同张良辅弼刘邦一样，能为君王出奇策，"以三寸舌为帝者师，封万户，位列侯，此布衣之极"，同时又能君臣互信，共襄安邦济世的大业，实为一生幸事。在西汉建国以后，张良又能以"愿弃人间事，欲从赤松子游"的义无反顾，实现了功成身退，为无数豪杰所钦羡与称颂，正如李商隐"永忆江湖归白发，欲回天地入扁舟"一诗中的感叹②。但上述张良的影响还只是停留在文人的作品层面，真正在民间传播开来则是在唐宋之后，流传到张家界一带应该还要稍晚。

张家界保护区内沟谷纵横、花繁林茂的奇幻美景一直不为外界所知，从描写张家界景色的诗篇来看，应该是明朝以后官员任职于此或宦游路过，张家界才渐为人知。百丈峡，亦名百丈岩，在今湖南省慈利县西，接张家界市界。在清代顾祖禹的《读史方舆纪要》中，此地"石崖两面对峙，高逾百丈。中有小峡，长三十里，流泉峻急，古木槎枒。峡畔有路通永定卫，最险"，被顾祖禹形容为"中通一道，高千仞，视

① 杨东晨．张良祠庙与墓地考，咸阳师范学院学报2003年第3期，第6页。

② 马强．唐宋诗歌中的张良题咏及其文化意蕴，陕西理工学院学报（社会科学版）2013年第2期，第34页。

天光如一线”。民国《慈利县志》有载：“峡高百丈，高秀入天，石并绪赤，闯眼突兀，奇甲天下。”明代九永通判夏子云，震撼于百丈峡的气势，留下三首《百丈峡》诗，如“峰似劈成侵紫昊，磴当悬绝夹青林”之句，而另一首“千寻绝壁挂古松，万尺深涧锁蛟龙。百丈留得佳话在，两壁对插白云中”则镌刻在峡中石壁上，至今犹存①。清人笔下的张家界是清幽远僻之地，“人游山峡里，宛在画图中，壁爱双屏列，天看一线通；猿啼声处处，古木叶丛丛，日夕归来晚，泉声两岸风”，这是清嘉庆年间永定岁贡吴肇端诗中的“百丈峡”②。

张家界的开发历程发端于明初对此地的军事征服，明王朝在镇压各种起义的过程中，逐步确立并巩固了对当地的统治。

张家界流传着“覃垕王”的传奇故事，据说每年农历六月初六是他的忌日，这一天家家户户必翻箱倒柜暴晒衣服，以表达对他的纪念。覃垕曾率各少数民族起义，反抗明朝朱元璋的暴政，后因叛徒出卖被俘。朱元璋在南京对覃垕施以凌迟之刑，覃垕死后，京城七天七夜日月不明、昼夜不分。传说朱元璋意识到错杀了真命天子，遂向天地许愿，每年六月初六、十六、二十六这三天让覃垕坐王位。为取得覃垕真影，朱元璋还下令将覃垕皮吹鼓以后供在殿上，每年六月初六这一天要翻晒覃垕皮一次，民间称为“覃垕晒龙袍”或“覃垕晒皮”。故事里的“覃垕王”原型是明初张家界一带的土司，在《明史》《明太祖实录》以及地方志书中都有记载，统治者将此次起义称为“覃垕之乱”或是“覃祸”。这位起义领袖曾倚仗张家界的深山密林和险峻关隘，以“朝廷有千军万马，我有千山万洞”的英勇气势，与大明军队展开了不屈的斗争。

张家界所在的澧水流域，元朝时是土司、土官管辖的土家族地区，而且土司是允许子孙世袭的。覃垕出身于一个土司世家，早在元末群雄

---

① 陈自文. 张家界探古，武陵学刊 1995 年第 5 期，第 50 页。

② 陈自文. 张家界探古，武陵学刊 1995 年第 5 期，第 50 页。

并起之时就占据了澧水上游一带，并与桑植、茅冈、慈利等地的土司一同归顺了陈友谅[①]。元至正二十三年（1363）朱元璋打败陈友谅之后，取得了湖广的控制权，自立为吴王。湘西北地区的土司部分归附了朱元璋，其余则投靠了大夏国，大夏国是元末农民起义军领袖明玉珍在重庆建立的政权。覃垕选择接受朱元璋的招抚，并“遣使纳贡”，被任命为慈利军民宣抚使。元、明两朝的土司职位，宣慰最高，宣抚次之，安抚又次之。朱元璋对其许诺“俾因其俗而治之”，覃垕同时还获得了“因其欲而治之”的权力。1368年明王朝建立，朱元璋称帝，覃垕继续贡马及方物，并被擢升为湖广理问。但随着“湖南州郡相继款附”，朱元璋已不再需要拉拢各地的土司。自古以来，湘西北地区土家族和苗族交错杂居、溪洞相连，百姓富有反抗压迫的传统，当地“山寨余孽，凭恃险阻，聚众殃民”的局势令朱元璋寝食难安，他一直在等待时机，图谋剿灭盘踞在山中的军事力量。四川的明玉珍则一直在极力拉拢湘西各土司，授以印信并相约反朱元璋。大夏国授予土司的印章、诰敕和虎符等信物，今有出土文物为证，湖北恩施县就出土过大夏开熙年间的印信[②]。明玉珍还大力提升鄂西、湘西的土司级别，对他们采取温和的统治策略，与陈友谅以往的做法不尽相同，收到了积极的效果。

明洪武二年（1369），朱元璋忙于入川消灭大夏政权，宽纵从湘西过境的军队“苛索军粮”，覃垕趁机揭竿而起。覃垕的起义获得了各地土司的积极响应，《明史·周德兴传》记载：“洪武三年慈利土酋覃垕连茅冈诸寨为乱，长沙洞苗俱煽动”，其间或许还得到了大夏国的支持。朱元璋立即派出湖广平章杨璟“以兵讨之”，首先攻打慈利的覃垕寨（今慈利县西永安渡），考虑到覃垕“恃山溪险阻”，朱元璋要求杨璟“不必穷其巢穴”。两军对决杨璟数次取胜，但覃垕兵败即遁入山

---

① 郭声波、刘兴亮．明玉珍大夏国在土家族地区的行政建置，中南民族大学学报（人文社会科学版）2011年第1期，第89页。

② 郭声波、刘兴亮．明玉珍大夏国在土家族地区的行政建置，中南民族大学学报（人文社会科学版）2011年第1期，第90页。

中，“恃险阻自守”，其山寨“三面岩险而下俯江水，一面仅有路才通一人”，致使杨璟久攻不下，杨遂以重兵围困。覃垕掌握对方粮饷匮乏、难以持久作战的军情以后，便派人诈降，杨璟中计。朱元璋对征伐不力十分不满，责谕士兵强攻，覃军随即逃离。朱元璋又火速派出征蛮将军邓愈、平蛮将军周德兴征讨，并以覃垕的堂伯父、天平所千户覃添顺为先锋，双方军队大战于山高谷深、林密路险的百丈峡。覃添顺于洪武元年归附，被封为“武德将军”，据说其臂力过人，熟悉地形及兵法韬略，足智多谋。《明太祖实录》中此人记作覃顺，洪武二年“置天平千户所。时隘丁寨土酋覃顺归降，遂置千户所，以顺为千户”①，天平所原隶属常德卫，洪武二十二年改隶九溪卫。据康熙《九溪卫志》记载，覃添顺与覃垕的大将田大激战于百丈峡内，田大力竭不敌，被覃添顺擒杀。史志中擒获田大的就是覃添顺本人，可传说里擒获田大的却变成了他的夫人。张家界当地盛传“易夫人”的故事，据传这位善剑术的夫人参与了百丈峡激战，生擒了覃垕的大将田大，她就是覃添顺的夫人，名易淑贞，人们唤她为“易夫人”，是一位英勇善战的女侠。百丈峡之战后，明军会合各路人马，合围覃垕坚守的茅岗寨，却依然无法攻下。洪武四年，朱元璋派出20万大军征讨四川，刚攻克归州的中山侯汤和也派出两路军马来湘西支援，最终镇压了这次起义。对于攻破茅岗寨的原因，《明太祖实录》等只字不提，据说覃垕是遭到女婿朱思济出卖才被明军抓获的，正可谓世上最坚强的堡垒往往是从内部攻克的。

覃垕惨遭杀戮之后，当地人民的反抗却并未平息，万历《慈利县志》，同治《桑植县志》《直隶澧州志》等志书都有记载，“（洪武）五年，辰澧诸蛮獠作乱……（洪武）十八年，九溪诸蛮獠作乱……（洪武）二十二年，石门土酋夏德忠（克武子），诱九溪洞蛮复叛，袭破石、

① 孟凡松．明洪武年间湖南卫所设置的时空特征，中国历史地理论丛2007年第4期，第111页。

慈二县”。为了加强对这些少数民族的控御，朱元璋在当地设立了诸多卫所。卫所制是明代实行的一种军事体制，而湘西北地区的卫所是随明朝军事控制的推进而设置的，统治者认识到“楚之西北隅，峒苗接交于澧、慈，数百里之界，时恐鞭长莫及，因而割余土建专城，设屯戍以捍卫”，为了防范土司势力坐大，朝廷广设卫所。在洪武初期，卫所废置不常，后逐步稳定，在今张家界市就设立了永定卫和大庸守御千户所等①。洪武晚期，朱元璋又以镇压起义为契机，在湘西北增置卫军，由归顺的土家族首领担任各级土司，加强并完善了卫所制度，这一地区的局势才逐步稳定下来。

土司制度下，明朝通过少数民族首领进行间接统治的办法取得了较大成功，湘西北的土司听命于中央的驱调，承担了一部分政治、经济、军事等方面的义务。其中，最为知名的就是土司派遣少数民族士兵，参与了明嘉靖年间的抗倭斗争，离今张家界市不远的永顺、保靖两县在明代皆因抗倭战绩显著而名噪一时。明嘉靖年间倭寇猖獗，然而明官军纪律松弛，士兵训练废弛，战斗力差，根本无法抵御东南沿海的倭患。据《明史纪事本末》记载，明兵部尚书张经认为北方客军“系北土乌合之众，驱之苏松水泽之地，固非其宜”②，所以当时朝廷决定重用张经，征少数民族的狼、土兵剿倭。明嘉靖三十三年（1554），朝廷调永顺、保靖等处土司的少数民族兵士，奔赴沿海参加抗击倭寇的斗争。在张经的指挥下，永顺宣慰使彭翼南、保靖宣慰使彭荩臣，与官军及整个抗倭队伍密切配合，于嘉靖三十四年在嘉兴大败倭寇，取得自有倭患以来的首次大捷，名为“王江泾大捷”。浙江巡抚御史胡宗宪曾撰《筹海图编》一书，详细总结明政府在御倭战争中的经验教训。在这部有关海防的著名兵书中，胡宗宪十分推崇永顺、保靖土兵的作战优势，他说：“短兵相

---

① 孟凡松．明洪武年间湖南卫所设置的时空特征，中国历史地理论丛2007年第4期，第111页；禹舜主编．湖南百科全书，长沙：岳麓书社1999年版，第27页。

② 石亚洲．元明时期土家族士兵的发展，西南民族学院学报（哲学社会科学版）2003年第5期，第15页。

接，倭贼甚精，近能制者，惟湖广兵镰钩枪弩之技，必须动永、保二宣抚（慰）司精兵。”[①] 嘉靖三十五年，湖广土家族土司、容美宣抚使田九霄及其父，率领容美、麻寮、大剌、桑植等处土兵赴江浙抗倭，参加了乍浦、嵊县风岭、后梅、舟山和黄宗山等战役，并取得多次胜利。根据南方地形和倭寇的作战特点，抗倭名将谭纶、戚继光创造出令敌人闻风丧胆的“鸳鸯阵法”，据说就是得益于湖广土兵的阵法。

清雍正十三年（1735）实施改土归流之后，张家界这一带的开发进程加快。汉人陆续进入湘西北地区，从乾隆《永顺县志》的记载可见一斑，此书记载：“土人汉人苗民杂处，土人十分之四，汉人三分，苗民亦仅三分。”[②] 汉文化以多种方式向这一地区传播，土家族的宗教信仰、风俗习惯和语言文字等都发生了巨变。土家地区古代巫风很盛，清政府对此类鬼神崇拜一律禁止，“今既改流，凡一应陋俗俱宜禁绝”。土家族信仰傩神，每年都有许多祭傩的节日，清政府认为是“端公邪术”，并规定“凡巫师假降邪神，佯修善事，煽惑人民，为首者绞；为从者各杖一百，流三千里”。汉文化传入以后，土家族的信仰中多了玉皇大帝、太上老君、西天佛祖等神灵，巫师作法时杂有太上老君、南极仙翁、金刚罗汉等神[③]。改土归流之下，土家族“信巫不信医”的风气有所扭转，许多祭祀礼与汉民族的融合为一，但可惜的是土家族的传统文化也有部分遭到破坏。摆手舞是一种土家族秋收以后盛大的庆祝活动，对这种男女“相聚而歌”的文化盛事，清政府认为是“有不可名言之事”而严厉禁止。[④] 摆手舞中所唱的古歌是土家族的史诗，可谓是古代文学精品，就因清政

---

① 石亚洲．元明时期土家族士兵的发展，西南民族学院学报（哲学社会科学版）2003 年第 5 期，第 15 页。

② 彭武一．明清年间湘西的土家与苗家——初论土家族苗族历史上的和睦友好关系，吉首大学学报（社会科学版）1987 年第 1 期，第 14 页。

③ 段超．改土归流后汉文化在土家族地区的传播及其影响，中南民族大学学报（人文社会科学版）2004 年第 6 期，第 44—45 页。

④ 段超．改土归流后汉文化在土家族地区的传播及其影响，中南民族大学学报（人文社会科学版）2004 年第 6 期，第 43 页。

府的摆手舞禁令，“摆手古歌”的发展也受到了限制和影响。今天，中国戏剧活化石的“傩戏”和传统傩面的制作等，都是因非物质文化遗产保护计划才得以重获新生。如果要了解土家族的来源，可以参看著名社会学家、民族学家潘光旦先生的论述，在其《湘西北的“土家”与古代的巴人》一文中，以翔实的史料阐明了土家族具有悠久的历史，非瑶、非苗、非汉，而是古代巴人后裔的一支。在对湘西北、鄂西南土家族聚居区实地调查的基础上，潘先生还解决了新中国成立后土家族的识别难题，这篇文章成为了土家族族源研究的开山之作。近年广为流行的“一种多源说”，即巴人为土家的主要来源，在历史发展过程中融合了其他民族的观点，绝大多数学者的论述和主张仍未脱离潘先生的理论框架。

谁能料到商周之际参加武王伐纣的巴人，并未在历史长河中消散，他们的后代不知经历了怎样艰难的迁徙，终于找到了张家界这个世外桃源般的胜地，甘于铸剑为犁，与其他民族一道守护着地球人自己的“哈利路亚山”。

第五章　故里·地名

天目山——钱王偏安"事中国"与惠民生

天目山，位于浙江省西北部的临安市北境，分东西两峰，古称"浮玉""天眼"。《山海经·南山经》记载："又东五百里曰浮玉之山，北望具区"，具区指太湖，顾祖禹《读史方舆纪要》中天目山又名浮玉山。相传峰顶各有一池宛若相望，故名天目，《元和郡县志》记载，"天目山，在县理北六十里。有两峰，峰顶各一池，左右相对，名曰天目"。天目山是太湖水系、钱塘江水系的分水岭，景色秀丽，绿拥群峰，为浙西名山，享有"植物王国"的美誉，明代李时珍曾到这里采集药物标本。西天目山南坡如今被辟为国家级自然保护区，主峰仙人顶海拔1506米，山上古木参天，有成片的原始森林。南坡诸水汇合为天目溪，南流经桐庐入钱塘江。

历史上，陶渊明、郦道元、李白、白居易等名人都曾游历过天目山，南朝昭明太子萧统在此居住多年，编书分经。明代文人为天目山留下的诗文最多，公安派的代表人物袁宏道曾撰《天目》一文。文章开篇总括天目山特点——"天目幽邃奇古不可言"，然后先抑后扬，"凡山深辟者多荒凉，峭削者鲜迂曲，貌古则鲜妍不足，骨大则玲珑绝少，以至山高水乏，石峻毛枯：凡此皆山之病"，用他山的不足反衬天目山的幽远况味。接着便列“天目七绝”，一一描绘天目山景物的独绝之处：“天目盈山皆壑，飞流淙淙，若万匹缟，一绝也。石色苍润，石骨奥巧，石径曲折，石壁竦峭，二绝也。幽谷县岩，庵宇皆精，三绝也。余耳不喜雷，而天目雷声甚小，听之若婴儿声，四绝也。晓起看云，在绝壑下，白净如绵，奔腾如浪，尽大地作琉璃海，诸山尖出云上若萍，五绝也。然云变态最不常，其观奇甚，非山居久者不能悉其形状。山树大者，几四十围，松形如盖，高不逾数尺，一株直万余钱，六绝也。头茶之香者，远胜龙井，笋味类绍兴破塘，而清远过之，七绝也。”读至七绝，结尾又以浙江著名的龙井茶和破塘笋作比，让人顿觉鼻端芳香，清淡悠长，如同身临其境，享受着天目山的自然之趣。这位倡导“独抒性灵”和真情发露的文学家写尽了天目胜景。

天目山仙人顶

唐朝末年，天目山下的临安县出了一位著名的历史人物，他就是“武足以安民定乱，文足以佐国治邦”的钱镠。唐末曾在临安设置安国衣锦军，五代后梁开平二年（908），临安县改为安国县，入宋以后又改回临安县①。五代十国时，中原混战，人民流离，南方各地纷纷立国分治，

① 史为乐主编．中国历史地名大辞典·下，北京：中国社会科学出版社2005年版，第1857页。

钱镠所建吴越国在10个小国中颇有影响。在他统治下，人们享有安定的生活，两浙一片富庶景象，成为人人称羡的“世外桃源”，得到了正统史家的一致称颂。《旧五代史》记载：“自唐末乱离，海内分割，荆、湖、江、浙，各据一方，翼子贻孙，多历年所”，而“唯钱氏之守杭、越，逾八十年，盖事大勤王之节，与荆楚、湖湘不侔矣”。清代吴任臣在其《十国春秋》中称赞：“钱氏据有两浙，几及百年，武肃（钱镠）以来善事中国，保障偏方，厥功巨矣。”了解吴越国的开国之君钱镠，了解他在大动荡、大变革时代的和平举措，将有助于我们深入认识唐宋之际的杭州地区，乃至整个浙江省的历史与文化。

临安一带至今流传着许多有关吴越王钱镠的故事。钱镠出身于一个寒微农家，少时不喜读书，《吴越书》记载他年少时常与“群儿聚戏于树荫、石上”，等年纪稍长，《吴越史事编年》记载他“好拳勇，喜任侠，以解仇报怨为事，善射及槊”，喜拳脚斗勇，以侠义自名。后来为了生计，不爱耕作的他宁可从事高风险的私盐买卖，据《新五代史》记载：“及壮，无赖，不喜事生业，以贩盐为盗”，在唐代，官府规定私自贩盐一石以上即可处死。唐末，藩镇割据进一步扩大，乾符二年（875）浙西镇遏使王郢叛乱，苏州、常州一带的百姓惨遭涂炭。临安石镜镇将董昌招募乡兵，想去讨平王郢，24岁的钱镠便投董昌军中，因作战勇猛深获董昌赏识。王郢被灭之后，钱镠成为了董昌的一员得力干将，多次独立领兵打仗。当时董昌与唐末将领刘汉宏之间矛盾渐深，并逐步演变为兵戎相见，钱镠于唐中和二年（882）、三年两次大败刘汉宏军，为董昌平定浙东立下汗马功劳。不久，钱镠升任为杭州刺史①，据有一州之地且能征善战的他，开始图谋更大的发展。钱镠趁镇海军（驻守在今江苏镇江）内乱之机发兵讨平，很快就将常州、润州等苏南之地纳入自己势力范围。他扫平浙西之后，893年由杭州刺史升任镇海军节度使，驻扎杭州，成为

① 欧炀．英雄与富翁——吴越国王钱镠的心态分析，东南文化1993年第2期，第148页。

割据一方的势力，与昔日的上司——威胜军节度使董昌平起平坐。唐乾宁二年（895）董昌起兵反唐称帝，国号罗平，改元顺天。因董氏对他有恩，作为曾经的下属，钱镠审时度势，先率兵规劝，据《吴越备史》记载："与其闭门作天子，与九族百姓俱作涂炭，不若开门作节度使，终身富贵无忧。"董昌不以为意，拒绝投降，钱镠才以效忠唐朝为名，自己出兵攻打董昌。在苏南与钱镠争夺的杨行密趁机围攻苏州，钱镠不为所动，仍执意消灭董昌，不久浙江东西两道尽归他所有。之后，他胁迫唐朝让他兼领镇海、镇东（原威胜军）两军节度使。902 年唐封钱镠为越王，904 年改封吴王。

朱温篡唐以后，后梁开平元年（907），钱镠向后梁称臣，遂被封为吴越王，在其境内自立年号"天宝"，实为称帝，吴越国正式建立，都今浙江杭州。唐代分浙江为东西两道，浙西道以苏州为中心，浙东道以越州（今绍兴）为中心，杭州地位不及苏州与越州。杭州原只是京杭大运河的交通枢纽，吴越建都此地以后，杭州逐渐转变为两浙的政治、经济和文化中心。在唐末割据混战的局势中，钱镠步步为营，历经击王郢、战润州、平董昌等一系列战争，壮大了实力。他又在唐亡之时相机而动，称臣后梁；后唐灭后梁，他照例上表称臣。数十年间，吴越国便占有苏、浙、闽一带的 14 个州、军，辖有今浙江全部，江苏南部和福建北部，虽然地域狭小，西北有吴国，南有闽国，是一个小而弱的国家，但是钱镠却深知乱中立国的艰险，特别用心治理。

钱镠注重延揽人才，吴越国文武能臣皆备，一时间人才济济。晚唐有名的文学家罗隐，诗文名于天下，他渴望在唐末伐乱频仍的时代建功立业——《谗书·重序》一书有载，"执大柄而定是非，佐国是而惠残黎"，却因作诗讥讽权贵以致仕途坎坷。他听闻钱镠招揽人才便想要来投奔，于是将旧作进呈，以"一个祢衡容不得，思量黄祖谩英雄"之句试探钱镠的态度，借古喻今表达了自己的担心。这一典故出自东汉末年，荆州刺史刘表部将黄祖曾纳名士祢衡，却无容人之量，因祢衡言语不逊就将他杀害于宴会间。钱镠收到诗作以后，据《吴越备史》记载，他即刻回信：“仲宣远托刘荆州，都缘乱世；夫子辟为鲁司寇，只为故乡”，把罗隐与王粲远投刘表和孔子周游列国而归鲁作比，表明罗隐浙中声望极高、为人景仰，以及钱镠自己广罗人才的决心，才彻底打消了罗隐的顾虑①，将这位才子招至幕下。钱镠还置择能院，专司选士之事②。

杭州地处钱塘江口，沿岸常遭钱塘江潮侵袭，百姓苦不堪言。《新唐书》记载：“大历八年，大风，潮溢，垫溺无算。咸通元年，潮复冲击奔逸入城。光化二年九月，浙江溢，坏民居甚众。”钱镠在给后梁太祖的《武肃王筑塘疏》中也提到过潮汐造成的灾害，“海飓大作，怒涛掀簸，堤岸冲啮殆尽。自秦望山东南十八堡，数千万亩田地，悉成江面，民不堪命”。钱镠在位数十年间修筑捍海石塘，兴修水利，还修筑了武义的长安堰、鄞县东钱湖石塘和越州大鉴湖等，非常重视发展经济。民间流传农历八月十八是潮神生日，钱镠在这一天派出了500弓箭手用箭射潮，迫使潮水退去，留下了“钱王射潮”的美丽传说。《十国春秋》记载，吴越天宝三年（910）八月，钱镠发动民夫20万人于候潮门、通江门外修筑石塘。他先用“大竹破之为笼，长数十丈，中实巨石；取罗山大木长数丈，植之横为塘”，“内又以土填之，外用木立于水际，去岸二九尺，立九木，作六重”③，这个方法被称为“石囤木桩”法，又唤作“夹板筑塘”法。1985年杭州在修建江城路立交桥时，发现了“钱氏捍海塘”的遗迹，整齐排列的6行榥柱、装满石头的竹笼和夯土等清晰可辨。《十国春秋》又记载，钱镠修建了龙山、浙江两闸以遏江潮入河。上述这些措施，一方面使得杭州免遭大潮的侵袭，“由是潮水不能攻，沙土渐渍，岸益固也”；另一方面又遏制了江潮倒灌，杭州城内百姓摆脱了盐卤之苦。于是杭州人纪念钱王，在西子湖畔建起了钱王祠，文天祥在《论五代史

① 王良永. 罗隐《谗书》检论，安徽大学硕士学位论文，第10页；欧炀. 英雄与富翁——吴越国王钱镠的心态分析，东南文化1993年第2期，第150页。

② 何光岳主编. 中国帝王大全，海口：海南出版社1996年版，第563—564页。

③ 杨建华. 论五代吴越时期的浙江文化，浙江学刊1990年第6期，第57页。

书武肃王事》中曾赞誉："筑城射潮，非止一时之保安，实有千年之功德，洵堪百世之模楷。"

风景秀丽、游人如织的西湖之于杭州有着特殊的意义，苏轼曾赞西湖道："杭州之有西湖，如人之有眉目。"西湖汇聚历代人文风情，见证了浙江的历史文化发展。然而唐末以来，西湖年久失修，"湖葑蔓蔽"，令人差一点就与这"三秋桂子，十里荷花"的自然景观失之交臂，苏轼更是无从描绘水光潋滟、淡妆浓抹总相宜的西湖美景。有一方士曾建议钱镠填平西湖，他说："（王）如填筑西湖以为城之府治，于法，当有拓土之应，不止十四州已也，垂祚当十倍于此。王其图之。"据《吴越书》记载，钱镠反驳道："百姓资湖水以生，藉湖水以灌田久矣！无湖水即是无民矣！吾之尊诏广城，原冀卫民，何敢稍存他念？况百年之内，必有真主。岂有千年而天下无真主者乎？有国百年，天所命也。吾所愿也，足矣！尔无妄言，吾不为也。"[①] 国祚长久对旧时帝王而言是巨大的诱惑，钱镠却能抛弃这些观念，明智地选择了为民求利，对西湖大加整治和疏浚，在民间留下"广治不填湖，留以待真主"的佳话。钱镠还动员民众大规模治理西湖，并建立常设机构"撩浅军"，专司管理。在他重视兴修水利，发展生产的举措下，"钱塘富庶由是盛于东南"，吴越国扩大了耕地面积，两浙良田沃野连年丰收，米价跌到每石 50 文，百姓们纷纷称颂他的功绩，呼其为海龙王[②]。

五代十国时期，黄河流域走马灯似的改朝换姓，《欧阳文忠公文集》记载："五十三年间，易五姓十三君，而亡国被杀者八，长者不过十余岁，甚至三四岁而亡"，无辜百姓流离失所，而吴越国历三世五王，两浙人民和平生息，与中原地区形成了鲜明的对比。后梁建立时，罗隐也曾劝钱镠举兵讨伐，"即使战而不胜，犹可退保杭、越，自为东帝，岂可交

① 曾国富．吴越国统治者的重民思想及利民施政，唐都学刊 2007 年第 2 期，第 67 页。

② 胡国枢．吴越国京都杭州繁荣的历史启示，杭州师范大学学报（社会科学版）1987 年第 3 期，第 11 页。

臂事贼”，钱镠并未接受这一建议，反而考虑民众的安定，《吴越书》有记载：“吾知刁民耳。民诚安，吾何难为之忍下”，对称臣纳贡和一时的忍辱负重不予计较。再到后来，蜀、闽、吴等相继称帝立国，又有大臣劝他自立为帝，他仍不为所动，据《十国春秋》记载：“此儿辈自坐炉炭之上，而又踞于上邪……岂图一时之事乃随波于尔辈也。”[①] 在集中反映他治国理念的《遗训》篇中，钱镠曾说：“余固心存唐室，惟以顺天，而不敢违者，实恐生民涂炭，因负不臣之名，而恭顺新朝。此余之隐痛也！”[②] “事中国”成为钱镠的政治遗命，他要求钱氏子孙“勿以易姓废事之大礼，屈一身，以与百姓请命，所当世守”。吴越钱氏也一直执行尊奉中原王朝的政策，以灵活的政治策略处理对外关系，尽力保持其国内稳定。也有学者研究认为，吴越国在与北方大国关系良好、称臣纳贡的表象下，实为经济利益所驱动。吴越国拥有发达的农业、丝织业、陶瓷和手工业，凭借精良的手工业制作水平，在与北国贸易中获利巨大，所以向北国称臣并不妨碍其国内的经济发展，本着务实的态度其乐于摆出臣子的姿态。为了便于向北方输出商品，吴越在北方沿海各州城还设有两浙回易务，类似于今天的商务派驻机构[③]。杭州城内“机杼之声比户相闻”，呈现出一派欣欣向荣的繁盛景象。

钱镠在执行“事中国”政策的同时还积极发展了与朝鲜半岛诸国、日本的关系。由于陆路上受到毗邻的吴和南唐两国的阻碍，吴越只好依赖海路交通与诸国联络。朝鲜半岛此时处于后三国时代，朝鲜半岛三国中又以后百济与吴越国的交往最为频繁，三国遣使入吴越的同时还有贸易往来。还有人为了躲避战乱自朝鲜半岛逃亡至吴越国，如《高丽史节要》就记载：“户部尚书张延祐卒。新罗末，父儒避乱吴越，习华语而还。”为了疏通航道，钱镠还发动军民凿平海岸的大石，保障海运和贸

① 汤蓉岚．论钱氏吴越国的立国基础和内外关系，台州师专学报1996年第5期，第31页。
② 曾国富．吴越国统治者的重民思想及利民施政，唐都学刊2007年第2期，第67页。
③ 胡国枢．吴越国京都杭州繁荣的历史启示，杭州师范大学学报（社会科学版）1987年第3期，第10页。

易。《旧五代史》写道，吴越国的造船业十分发达，杭州湾内“舟楫辐辏，望之不见其首尾”，商船拥有发达的航海技术，懂得利用季风（古人称“信风”）的原理横渡大海[①]，频频赴日交流[②]。这一时期的中日交往主要是吴越国与日本之间的纯商业往来，双方以书信方式相互问答。学者研究认为，正是中原的五代王朝战事不断，在对外交往中角色削弱甚至是中断，吴越才凭借地近海洋的地理优势开始充当了宗主国的角色[③]。《旧五代史》记载，钱镠“伪行制册，加封爵于新罗、渤海，海中夷落亦皆遣使行封册焉”，俨然以皇帝自居[④]，但对外钱镠仍用中原朝廷年号。航海经商让吴越获利丰厚，进贡中原王朝的支出全部仰赖航海经商所得，《旧五代史》记载：“航海所入，岁贡百万”，钱镠也未料到发展海上贸易竟有如此可观的收入，“吴越地去京师三千里，谁知一水之利，有如此耶。”[⑤]

钱镠出自下层，“余自束发以来，少贫苦，肩贩负米，以养亲”，他深知“凡此一丝一粒，皆民人汗积辛勤才得岁岁丰盈”，所以十分注意减免赋税、赈济贫苦百姓，同时又执法严明、信赏必罚，得到了广大民众的拥护。今人研究吴越国历史，提及最多的就是钱镠恤民力、除弊政的功绩。932 年，钱镠病死于钱塘，时年 81 岁，是五代十国时期享年最久的君主。钱镠墓在今临安市的太庙山南麓，已成为钱王陵公园，园内松柏掩映，广种树木花卉，是一知名的人文古迹。宋人对钱镠的评价很高，苏轼认为“吴越地方千里，带甲十万，铸山煮海，象犀珠玉之富，甲于天下，然终不失臣节，贡献相望于道”。曾编修《新五代史》的欧阳修，也评论说：“独钱塘自五代时，知尊中国，效臣顺，及其亡也。顿首请命，不烦干戈，今其民幸富完安乐”，他还特辟《吴越世家》一卷，专写

---

① 王心喜．钱氏吴越国与日本的交往及其在中日文化交流史上的地位，中国文化研究 2003 年第 3 期，第 61 页。

② 屠承先．吴越国文化与日本，日本学刊 1996 年第 3 期，第 110 页。

③ 何勇强．论吴越国的海上外交，杭州师范学院学报（社会科学版）2001 年第 3 期，第 25 页。

④ 欧炀．英雄与富翁——吴越国王钱镠的心态分析，东南文化 1993 年第 2 期，第 153 页。

⑤ 王心喜．钱氏吴越国与日本的交往及其在中日文化交流史上的地位，中国文化研究 2003 年第 3 期，第 65 页。

钱氏家族的经历。钱镠立国，虽偏安一隅，却给当地百姓留下了交错密布的水利网，春波千顷绿如铺的西湖，以及惠泽万世的捍海大堤。

今日天目山宗教文化名山的地位，所谓中国“禅宗”半出天目等说法，都与吴越国时期的佛教大兴有着很深的渊源。北方几近毁灭的佛教在吴越国重新振兴，在钱氏诸王的扶持下，浙江佛学的法眼宗、天台宗、律宗三大教派迅速崛起，名震宇内。吴越国社会稳定、经济繁荣，钱氏诸王皆崇佛，不仅广修庙宇寺塔，经幢造像繁多，还大量刊印佛经。据印刷史专家张秀民先生考证，吴越国雕刻的佛经数量惊人，在我国印刷史上盛况空前。1917 年湖州天宁寺经幢中发现的《宝箧印陀罗尼经》，是浙江目前发现有明确纪年的最早的雕版印刷品，卷首有“天下都元帅吴越国王钱弘俶印宝箧印经八万四千卷。在宝塔内供奉。显德三年丙辰岁记”的题记，正是钱俶时期雕印的佛经。吴越国境内高僧云集，《十国春秋》中单列一卷，为 24 位僧人立传，不乏学问渊博的佛教高僧，杭州也因此逐渐成为全国佛教的一大中心[①]。唐武宗时期的“会昌法难”和后周世宗的两次灭佛，使得佛教教派之一的天台宗典籍散佚大半，濒于绝迹。吴越国君钱俶特派人到高丽、日本搜求阙典，使天台宗得以中兴。《皇朝类苑》引《杨文公读苑》记有此事：“吴越钱氏，多因海舶通信。天台智者教五百余卷，有录而多阙。贾人言：日本有之。钱俶买书于其国主，奉黄金五百两，求写其本，尽得之讫。”[②] 吴越王还遣使至高丽取回佛教典籍，高丽国师谛观奉命护送佛经到达吴越国后，钱俶还特意为其修建定慧院，供他居住[③]。在佛教慈悲为怀的影响下，吴越国宗室成员大力施行仁政，与同时期割据君王奢侈残暴的政风迥然不同。他们与僧侣都有密切的交往，不少人拥有深厚的佛学造诣和引人注目的文化成就，这促进了吴越国文化的发展，以及中外佛教文化的交流。直到今天，日

---

① 曾国富．五代吴越国崇佛的原因及其影响，宗教学研究 2007 年第 3 期，第 107 页。

② 屠承先．吴越国文化与日本，日本学刊 1996 年第 3 期，第 110 页；王心喜．钱氏吴越国与日本的交往及其在中日文化交流史上的地位，中国文化研究 2003 年第 3 期，第 65 页。

③ 曾国富．五代吴越国崇佛的原因及其影响，宗教学研究 2007 年第 3 期，第 110 页。

本、韩国仍将天目山视为佛教祖山，慕名来拜师求法的人络绎不绝，日本国的10个佛教派系中就有5个与天目山息息相关。

978年，钱俶纳土归宋，吴越国亡，历72年；钱氏后裔是一个庞大的家族，绵延数千年而不衰，崛起于临安，如今广布世界各地。吴越百姓心中拥戴的“钱王”，在今日成为了一种特殊的文化现象。只有了解吴越国的历史，才能对天目山的人文景观和杭州的名胜古迹有着更为全面的认识，还会激发人们探究浙江一地不甘人后、善于变革的开放精神，以及好学深研、人才辈出的文化传统。

亚丁——藏区秘地与七世达赖的甘孜传奇

秋日是亚丁一年中最为梦幻的季节，苍茫的草原，蓝天白云和悠闲的牦牛，桑堆的红草滩，山火一样浓烈的红叶，间杂着绿的、黄的、红的灌木丛。在这里，阳光洒落之处都泛着耀眼的金黄，藏语“亚丁”便是“向阳之地”的意思。亚丁自然保护区，地处稻城县香格里拉、蒙自、各卡、赤土、木拉五乡境内，该保护区总面积1457.5平方公里，是我国保存最完整、最原始的高山自然生态系统之一，保存了大量第四纪（距今250万年）以来，多数地区几近绝迹的珍稀动物、植物、昆虫等活化石，具有极为重要的保护价值和科学研究价值。保护区内多冰峰雪岭、冰川宽谷、原始森林和高原草甸，呈现出美丽的高山峡谷风光①，因地靠亚丁村而得名，现为国家级自然保护区和四川省级风景名胜区。

稻城县在四川省甘孜藏族自治州的西南部，与云南省相邻，县城周围遍布青杨树和褚红色的藏家村落，秋日里各家各户的屋顶阳台上晾晒着金黄的青稞。在这个没有喧嚣的地方，人们悠然自得，远处肃穆的雪山静静地沐浴在落日的霞光中，路旁的玛尼堆独自守候，诉说着自然、

① 努力推动四川香格里拉生态旅游区——亚丁景区建设进程，甘孜日报2007年7月12日，第3版。

稻城亚丁

神灵与人相互交织的故事，所有的颜色都是澄净而纯粹的，一派纯净而明朗的高原风光。有人认为稻城因盛产稻米得名，实属望文生义。稻城，旧名“稻坝”，清为理塘宣慰司地，置稻坝土百户，光绪三十三年（1907）改流，置稻坝委员，属打箭炉厅，宣统三年（1911）置稻成县，治所即今稻城县，属康定府。“稻成”，藏语意为“山谷沟口的宽阔地”①。

提到稻城亚丁，自然避不开“香格里拉”归属地之争的话题，如今稻城县的香格里拉乡被人们称为“最后的香格里拉”。“香格里拉”一词，来源于1933年英国作家詹姆斯·希尔顿的小说《消失的地平线》（*Lost Horizon*）。从1939年至1961年的20多年里，这部著作一直名列英美畅销书榜首，并被翻译成多种语言，使希尔顿由默默无闻而一举成名，赢得了诺桑顿文学奖。1944年好莱坞将小说搬上银幕，使之更加风靡全球②。书中讲述的是主人公康威等4位西方人士，在战时从南亚次大陆乘飞机后，被一个神秘的东方劫机者劫往香格里拉蓝月山谷的神奇经历。在这个“幸福的山谷”，人们和睦友爱，是一个令世人向往不已、如乌托邦式的完美家园，人与自然在这里和平共处。对比当时被战火和硝烟包

① 史为乐主编．中国历史地名大辞典·下，北京：中国社会科学出版社2005年版，第2864页。
② 李冀宏、张喜华．一部奇异的乌托邦小说——《消失的地平线》评析，第198页。

围的欧洲和无处不在的末日感，就能理解“香格里拉”背后所代表的人文主义关怀，这部小说最大限度地满足了人们的精神需求。詹姆斯·希尔顿本人从未交代过“香格里拉”的原型在哪里，小说中描写的事发地是在中国西藏周边，他曾经宣称世上并没有这样一块神奇之处，是他虚构的，但人们仍深入中国藏区、印度、尼泊尔各处苦苦找寻这个地方。20 世纪 50 年代末，印度、不丹、尼泊尔等国声称在自己境内发现了香格里拉。1997 年云南省政府通过组织专家、学者，比对詹姆斯的描述来寻找，后宣布在云南省的迪庆藏族自治州找到了香格里拉，随后将中甸县改名为香格里拉县，“香格里拉”归属地之争也暂告一个段落。实质上，中甸县和稻城县分属云南、四川两省管辖的政区格局，是清雍正时期进行行政区划调整的结果，这两个地方无论是地理形态还是文化属性上，都具有极大的相似性。它们都拥有广袤的高山草甸，澄清的湖泊，透明的蓝天，清冽的空气，质朴的藏民，悠久的文化，境内都长期生活着和谐相处的众多少数民族。60 多年来，香格里拉所代表的神秘、深邃、和谐、宁静等东方文化特质，才应该是西方人对香格里拉狂热追寻的根本原因，学者们认为这种狂热凝聚着西方人对东方文化乃至整个人类精神文化的思考，是人类追寻完美的人生和精神境界的一个象征①。因此，无论哪一个是理想王国的真正原型，都不再仅仅是有着开发潜力的旅游胜地，它亟待人们给予更多的珍爱和保护。稻城亚丁被外界所知，还要归功于一位美国人，在中国逗留达 27 年之久，集探险家、科学家、摄影记者于一身的约瑟夫·洛克。在美国国家地理学会的资助下，他于 1928 年从云南丽江出发，沿金沙江流域来到今日的稻城亚丁，还依藏地习俗顺时针朝拜了亚丁的仙乃日、降边央、夏纳多吉三座神山。这位探险家的考察见闻连同大量照片，曾发表在 1931 年的美国《国家地理》杂志上，在西方世界引起巨大轰动，这些无疑给詹姆斯·希尔顿的创作带来了最好的素材和灵感。

---

① 江凌．寻找香格里拉，第 13 页。

亚丁虽然地处偏远，直至近几年才被人熟知，但并不意味着这一地域为文化落后愚昧之地，作为我国藏区重要组成部分的甘孜藏族自治州，富有创造力的藏族人民在这片土地上演绎着属于自己的文化传奇。依藏族传统，藏区划分为“卫”“藏”“康”三部分，这种地理区域概念大约形成于唐代吐蕃兴盛时期①。历史上的“康”区并无固定的疆域，主要指青藏高原东南部的横断山区，甘孜州便是属于“藏地三区”中的康区，元属朵甘思地，明设朵甘卫。

在离稻城亚丁不远的德格县——历史上著名的雪域英雄岭、格萨尔王的故乡，是汉藏文化交融的枢纽地带。在吐蕃王朝末期，赞普达玛兴苯灭佛，卫藏地区的僧侣大批逃到了德格地区。今甘孜藏族自治州的德格、白玉、石渠三县，和西藏昌都地区的德格江达县，都属于传统意义上的德格地区。随着10世纪的佛教复兴运动，以及宁玛、噶举、萨迦等派系的建立，德格地区的佛教文化日益繁荣②。至清雍正七年（1729），八邦寺的九世司徒活佛白马尼亚创建了德格印经院（另说为德格第十二代土司登巴泽仁首创），该印经院在今德格县城内（八蚌寺同在德格县以南，是康区著名的噶举道场）。德格印经院，全名“藏文化宝藏德格印书院大法库吉祥多门”，因其藏文典籍、木刻版画及其他宗教文物的收藏数量位居前列、保护最为完善，素有“藏文化大百科全书”“藏族文化宝库”之盛名。它所拥有的造纸和雕版印刷技艺，具有很高的工艺价值、文化价值和学术价值，因而被列入“第一批国家非物质文化遗产名录”。最早时，德格印经院的造纸和雕版印刷技艺也是由内地传入，但后来由于交通不便以及交流不畅等历史原因，其工艺被完整保留，成为今天在内地都难得一见的原始工艺活化石。刻工一般选用红桦木作为经版，先用火烘干木板，在阴凉处晾干后用刻刀雕刻，无论文字或图画力求笔画

① 杨嘉铭．甘孜藏区境域沿革考略，西北民族大学学报（哲学社会科学版）1995年第1期，第86页。

② 根旺．德格佛教文化中心的形成原因及其特征，西南民族大学学报（人文社会科学版）1992年第1期，第18页。

匀称、清晰。完成的印版在反复校对后，放在沸腾的酥油中煎熬、浸泡、取出晒干，接着用当地一种名叫“苏巴”的植物熬水清洗掉多余的酥油。德格印经院所用藏纸同样有着悠久的历史，其生产工艺与内地的手工纸有很大区别。藏纸，藏语称为“博肖”，是以树皮和瑞香狼毒的根茎为原料，经多道复杂工序加工而成，因瑞香狼毒带有一定的毒性，所以制成的纸张防蛀效果很好。其中名为“金木肖”的一种，是藏纸中的上品，旧时专供达赖喇嘛使用①。藏族人民利用当地特殊的自然条件，创造性地发展出具有鲜明民族特色的工艺技术，极大地丰富了中国传统造纸和印刷技艺。因高原气候寒冷，一年之中印经院雕版刷印的时间仅持续 5 个月，从藏历四月中旬始至八月底以前结束。德格印经院拥有藏文书版 200 余部，印版 217000 多块，因规模最大及书版最多，位列藏区三大印经院（即西藏拉萨、甘肃拉卜楞和四川德格）之首。历史上，由于德格土司对苯教及藏传佛教各教派采取兼容并包的政策，各派的经典和著述在这里都得到了很好的保存。著名的有苯教经典《花白花十万龙经》，宁玛派的《续藏》《宁玛派源流》，萨迎派的《道果释义》，噶当派的《父法子法》，觉囊派的《百行论》以及格鲁派的《宗喀巴全集》《莲花生传》等②。印经院所印经典、文献在刻印之前，都须经过博学的高僧和学者校勘、缮写。最为知名的便是德格版藏文《大藏经》，这部于 1733 年编纂刻印的藏经，是由慈成仁钦和佛学大师却吉迥乃两人耗时 38 年精细校勘而成，集各种版本之大成。德格版典籍在海内外享有盛誉，除了内地的寺庙、研究机构和个人，还有印度、尼泊尔、日本及东南亚、西欧等一些国家的人前来购买、印制书籍③。

---

① 丹珠昂奔、周润年、莫福山等主编．藏族大辞典，兰州：甘肃人民出版社 2003 年版，第 985 页。

② 杜永彬．德格土司辖区独特的宗教格局，西南民族学院学报（哲学社会科学版）1992 年第 1 期，第 28 页。

③ 根旺．德格佛教文化中心的形成原因及其特征，西南民族学院学报（人文社会科学版）1992 年第 1 期，第 23 页。

甘孜藏族自治州是我国藏区的重要组成部分，历史上曾有4位达赖喇嘛出生在这里，分别是七世达赖格桑嘉措、九世达赖隆多嘉措、十世达赖楚臣嘉措和十一世达赖克主嘉措。达赖喇嘛，是藏传佛教格鲁派的最高领袖人物之一，这一教派由宗喀巴大师于14世纪末15世纪初创立。明末清初，卫拉特蒙古和硕特部受格鲁派（俗称黄教）上层集团之邀，入藏建立了世俗统治，掌握西藏地方军政大权。据《西藏简史》记载，入清以后，顺治皇帝采取了“扶植达赖喇嘛抚绥蒙藏人民”的策略，使得达赖喇嘛在西藏宗教界确立了统治地位，且历世达赖喇嘛必经中央政府册封成为定制。

七世达赖格桑嘉措的册封却因西藏政局的混乱局面，整个过程颇为曲折。清康熙四十五年（1706），六世达赖仓央嘉措在青海圆寂，也有人说他是隐姓埋名云游天下，后圆寂于宁夏。当时西藏归蒙古和硕特部拉藏汗统治，他不顾蒙藏各界反对，于康熙四十六年立意希嘉措为达赖，并奏请康熙册封，引发了西藏局势动荡。拉萨三大寺僧人并不同意拉藏汗所立达赖，他们依仓央嘉措生前的一首诗，前往理塘寻找到了“转世灵童”，那首诗的内容是：“白鹤假我翼，翱翔在云宇；我将不远去，迨理塘就还。”理塘，藏语意为“铜镜平坝”，今甘孜州中部偏南、理塘河上游一带，后清雍正六年（1728）在此置理塘宣抚司，属雅州府，辖地相当于今理塘、乡城、稻城三县①。据《七世达赖喇嘛传》记载，格桑嘉措出生于康熙四十七年藏历七月十九日，他被认定为六世达赖喇嘛转世后，还得到了和硕特部首领亲王巴都尔台吉的承认②。幼小的格桑嘉措一直没有得到清中央政府的册封，在拉萨三大寺僧人们的庇护下长大，又担心拉藏汗加害，曾随父母逃往德格躲避，后幸亏被和硕特部首领迎请至青海。格桑嘉措从小就要面对政教纷争，佛教教派之间、僧侣上层和

① 戴均良、刘保全、邹逸麟等主编．中国古今地名大词典·下，上海：上海辞书出版社2010年版；四川百科全书编纂委员会编．四川百科全书，成都：四川辞书出版社1997年版，第544页。

② 冯智．七世达赖喇嘛噶桑嘉措的政教业绩，中国藏学1989年第3期，第60页。

蒙古贵族之间的争权夺利错综复杂，在他之前仓央嘉措沦为了政治斗争的牺牲品，而在前方等待着他的又会是何种命运呢？1716年，康熙下令格桑嘉措入西宁塔尔寺受供养[①]，据《圣祖实录》记载，康熙先命“护军统领晏布统兵驻扎西宁”，并让“四川提督康泰、松潘总兵官程正李等整兵预备”，接着又“屡次晓谕青海台吉等”，最终才促成格桑嘉措到宗喀巴寺（塔尔寺）居住[②]。第二年，准噶尔蒙古入侵西藏，拉藏汗被杀，所立达赖被废。清朝两次派兵入藏，将准噶尔势力驱逐出西藏，也结束了蒙古诸部汗王在西藏的统治。

1720年，应西藏僧俗的要求，康熙终于决定正式册封格桑嘉措，所颁诰命称：“尔于幼起，继承前业，勤于教戒学业，精通佛法，是以特降慈旨，颁给册印。”但是在达赖的辈分上，康熙皇帝未作让步，仍不承认仓央嘉措六世达赖的地位，所以格桑嘉措被封作六世达赖，“封尔为‘宏法觉众第六辈达赖喇嘛’。望尔阐扬佛教，辅朕大业，勤于训导，恪遵勿怠”[③]。一直到乾隆封强白嘉措为八世达赖，才间接承认了格桑嘉措是七世达赖。清廷随后派兵护送格桑嘉措返回西藏，藏区因上层政治斗争而引发的混乱局面终告结束，清朝中央政府从此扶持藏族上层单独掌权，并加强对西藏地方的直接管理。同年，格桑嘉措在布达拉宫坐床，拜五世班禅罗桑益西为师，受沙弥戒，后入哲蚌寺学经。1727年，20岁的格桑嘉措复拜班禅为师，受比丘戒，七世达赖喇嘛与五世班禅师徒关系和谐，也使得黄教内部加强了团结。格桑嘉措还前往甘丹寺、桑耶寺，以及前藏山南的林周、桑日等圣地朝拜，扩大了在卫藏地区的影响[④]。

---

① 冯智．清“康乾盛世”册封达赖与治藏的阶段性特点评述，西藏研究2004年第4期，第15页。

② 黄全毅．甘孜名人——七世达赖喇嘛格桑嘉措，四川民族学院学报2013年第3期，第2页。

③ 黄全毅．甘孜名人——七世达赖喇嘛格桑嘉措，四川民族学院学报2013年第3期，第2页。

④ 冯智．七世达赖喇嘛噶桑嘉措的政教业绩，中国藏学1989年第3期，第62页。

雍正继位后主要是委任噶伦组成地方政府对西藏进行治理。雍正五年（1727），西藏掌权贵族噶伦之间爆发内讧，阿尔布巴、隆布鼐及扎尔鼐三人联合于拉萨大昭寺将康济鼐杀死，史称“阿尔布巴事件”，格桑嘉措之父索南达吉也卷入其中，清朝派出1万多士兵进藏才得以平定。通过这次教训，雍正让颇罗鼐代替康济鼐总理西藏事务，同时在西藏留驻军队，并规定在达赖喇嘛活着时其父兄等人不许干政。格桑嘉措此时年仅十五六岁，一直以来都潜心于习经辩论，掌握显密要领，从不干涉西藏政务。但在这次事件中，他以众生为本，对各教派一视同仁、以求平息争端的做法，在西藏民众心中赢得了很高的声誉[①]，想必也是早期那段特殊的经历对他影响至深，使得他在面对各种纷争时总能从西藏的稳定大局出发，作出正确的选择。另一方面，雍正担心“准噶尔逆贼乘间来犯”，特命格桑嘉措暂时迁往康区的噶达（今甘孜藏族自治州道孚县），“是以令其移至近边地方，以便照看”。在噶达，雍正还专为格桑嘉措新建慧远寺居住，并派兵严密保护，《清世宗实录》对此有详细记录，并提到“噶达建造庙宇，移驻达赖喇嘛，守护之兵，殊关紧要”。除了增派士兵防卫，雍正对达赖的安全考虑得也十分周密，“嗣后凡有藏内人来噶达者，令西藏噶隆给发图书路引，以便稽查”[②]。格桑嘉措驻甘孜期间坚持讲经说法，专心学习一切显密经典，佛学造诣达到极高境界，受到藏区僧俗的朝拜和供养，一时间甘孜成为了信徒们争相朝拜的宗教中心[③]。1734年，雍正见达赖返回西藏的时机已成熟，特下旨：“今贝勒颇罗鼐实心效力，将唐古特、厄鲁特之兵操练精熟，各处紧要隘口，俱已严固防守，藏中晏然无事。班禅额尔得尼年迈有疾，应令达赖喇嘛回藏。”因颇罗鼐在西藏政治地位逐步稳固，驻扎西藏的清军兵力壮大，足以抵抗准噶尔蒙古的入侵，而班禅年迈，西藏宗教界需要达赖喇嘛的领导以保持

① 冯智．七世达赖喇嘛噶桑嘉措的政教业绩，中国藏学1989年第3期，第65页。
② 黄全毅．甘孜名人——七世达赖喇嘛格桑嘉措，四川民族学院学报2013年第3期，第3页。
③ 冯智．七世达赖喇嘛噶桑嘉措的政教业绩，中国藏学1989年第3期，第63页。

稳定，所以雍正才让格桑嘉措返回拉萨[1]。陪同达赖回藏的人中，有一人是三世章嘉活佛若贝多杰，作为格鲁派的高僧，他曾拜格桑嘉措为师，长期为佛法弘扬和民族团结事业而积极奔走，深得雍正信任。若贝多杰还是一位知名的学者，由他撰写的《七世达赖喇嘛传》是研究达赖喇嘛和西藏社会历史的重要史料，在他的主持下，大藏经《甘珠尔》被译成了满文。

返回西藏后，格桑嘉措在卫藏地区的巡礼和朝拜，颇罗鼐常陪同左右，两人关系非常融洽。五世班禅圆寂后，扎寺找到班禅转世“灵童”，格桑嘉措派出了代表核实真假，然后报告驻藏大臣，让他奏请乾隆批准。1744 年，乾隆将雍正的亲王故邸雍和宫改建为喇嘛庙，要从全国各地挑选 500 名天资聪慧的僧人，格桑嘉措积极响应，奉旨选派高僧赴京就任，后来雍和宫发展成清代管理全国喇嘛教事务的中心。待颇罗鼐死后，其子珠尔默特那木扎勒负责西藏事务，据《清高宗实录》记载，他暗藏“疑忌达赖喇嘛之心”，勾结准噶尔阴谋作乱，要求清军撤离西藏。清人所编《西藏图考》中，称珠尔默特那木扎勒“广布私人，监视驻藏大臣，阻绝邮置军书”，公开与达赖喇嘛为敌，西藏局势危急。乾隆十二年（1747），珠尔默特那木扎勒被驻藏大臣傅清和拉布敦执杀，七世达赖在清朝的支持下很快平定了叛乱，控制住了西藏局势。在这一事件后，七世达赖深得清廷信任，中央决意乘此对西藏的地方行政体制进行改革。《清高宗实录》记载：“西藏经此番举动，正措置转关一大机会。若办理得当，则可保永远宁谧，如其稍有渗漏，则数十年后又滋事端。……目今乘此兵威，易于办理，惟在相度机势，计虑久远，方为万全。”在随后颁布的《西藏善后章程》中，中央授予达赖喇嘛掌管西藏政务的权力，章程规定：“凡具折奏事重务，须请示达赖喇嘛并驻藏大臣酌定办理”，极大地提高了达赖喇嘛的地位，也是清朝治藏政策的一次重大调整[2]。西

① 黄全毅．甘孜名人——七世达赖喇嘛格桑嘉措，四川民族学院学报 2013 年第 3 期，第 3—4 页。

② 冯智．清“康乾盛世”册封达赖与治藏的阶段性特点评述，西藏研究 2004 年第 4 期，第 17 页。

藏从此开始建立起政教合一制度，极大地促进了西藏社会的稳定和发展，七世达赖喇嘛在其间起到了重要的推动作用，作出了巨大的历史贡献。

清乾隆二十二年（1757）七世达赖喇嘛格桑嘉措圆寂，他手中握有西藏政教大权，却将全部精力倾注在宗教事务上，著有《一切续部之主密集灌顶义明示金刚萨锤口谕》等显密善言共七函，佛法造诣极深①。平日里他谨言慎行、生活简朴，正如《西藏民族政教史》所记载："位极帝师而无纤毫骄慢……修正已到高深境界，然举止动静取水脱鞋皆依戒律而行。富有全藏受用无量，然所着服装每年只换一套。"他一生都致力于恢复达赖喇嘛的权威，心向清朝，使得达赖喇嘛与中央王朝的关系获得了巩固和发展②，直至今天仍深受藏族人民的敬仰与爱戴。了解格桑嘉措的生平，可以使我们更好地认识藏传佛教和达赖喇嘛的历史，以及康雍乾三朝应对西藏变局、为巩固和发展统一多民族国家所付出的努力。

稻城亚丁，曾是一片汪洋，历经沧海桑田的变迁，冰川将这里的一切凝固为静穆的苍凉。藏民们在圣洁而美丽的雪山下，沿着自然的轨迹生生不息，诉说藏传佛教信仰的古老和永恒。

---

① 黄全毅．甘孜名人——七世达赖喇嘛格桑嘉措，四川民族学院学报 2013 年第 3 期，第 5 页。

② 陈柏萍．达赖喇嘛与中央政府关系的历史考察，西北民族大学学报（哲学社会科学版）2005 年第 6 期，第 34 页。

第六章　民族·地名

额尔古纳——蒙古人的母亲河与中俄界河

在许多人眼中，蒙古族同其他草原民族一样，在未有文字以前，主要依靠口耳相传来保存本民族的历史。历数相关的著作，其中最为有名的要属《蒙古秘史》记载的“苍狼白鹿”之说了。《蒙古秘史》，又名《元朝秘史》，是目前所知的第一部记载蒙古民族历史文化的文献，成书于13世纪中叶，但其畏吾儿体蒙古文原文早已佚失，流传下来的只有明代附录汉文旁译和总译的《元朝秘史》[①]。据此本的记载，天生一个苍色的狼，与一个有色的鹿，生下了蒙古人的祖先。“苍狼白鹿”的传说流传颇广，甚至现今很多蒙古人，都以苍狼白鹿后人自居。只可惜无论故事演化得多么优美生动，这一极富想象力并符合草原特征的传说，却是译者翻译错误的结果。早先已有学者指正，是误将两个人名翻译成了真狼真鹿[②]，苍狼和白鹿，在蒙古语中分别读为包伲帖赤狼和豁埃马兰勒，汉语直译过来就是苍狼和白鹿。如果“苍狼白鹿”之说不可信，那么蒙古族的祖先是谁？也就是他们的族源归属哪里呢？

我们先从一条河流说起。

---

① 金华．王国维对《蒙古秘史》的研究，前沿2012年第13期，第189页。

② 樊保良．蒙古族源诸说述评，内蒙古社会科学（汉文版）1983年第3期，第21页。

额尔古纳河，亦名鄂尔姑纳河，元代称也里古纳河，为内蒙古东北与俄罗斯分界之界河，河左岸为俄罗斯联邦，河右岸即是内蒙古自治区纬度最高的城市——额尔古纳市。该河上源称海拉尔河，源出大兴安岭西侧，西流到新巴尔虎左旗阿巴图附近称额尔古纳河，又折向东北在漠河以西的恩和哈达附近，同石勒喀河汇合为黑龙江，全长1520公里（其中海拉尔河长622公里）。额尔古纳河流域湿地众多，生态保存完整，在我国湿地逐年减少的今天，像这样规模庞大的湿地显得尤其珍贵。这里自然资源丰富，风光宜人，独具俄罗斯民族风情，拥有北欧农舍风貌的“木刻楞”，可口的俄式面包，喝一口一辈子忘不了的飞龙汤，如果碰巧赶上华俄后裔的“巴斯克”节，还能共赏曲调粗犷的民族歌舞，狂欢热闹非常[①]。这一流域有水草丰美的呼伦贝尔草原，河的两岸生长着繁茂葱茏的郁郁灌丛，以及浩瀚无涯的兴安林海，这里被历史学家誉为“中国历史上一个幽静的后院”，许多马背民族在这里发源，或游牧或游猎，不断发展壮大，整兵备武，继而与南方农耕民族展开旷日持久的争夺。

额尔古纳河

在人类历史上，马背民族中最有影响力的毫无疑问是蒙古族，他们建立的蒙古汗国，随着彪悍善战的蒙古骑兵一路向西，扩张为横跨欧亚两大洲的帝国。这股来自蒙古高原的扩张浪潮，深刻地改变了人类中古时代的政治、文化和地理格局，并且将东西方多种文明间的交汇提高到

① 林众主编．中华旅游通典·中，北京：社会科学文献出版社2004年版，第1716页。

前所未有的水平，是当代全球化进程的历史参照。蒙古于1206年建国，蒙古贵族们在斡难河（今鄂嫩河）源头召开大会，铁木真即汗位，号成吉思汗，因此不少人以为蒙古族的起源地是斡难河。而事实上，蒙古族的先民大约在10世纪中期，才到达斡难河的源头不儿罕山（肯特山）一带，时间不过300余年。那么，在此之前，这个伟大的民族究竟来自哪里？

目前学术界比较一致的看法是，蒙古族源自“蒙兀室韦”，蒙兀室韦为室韦的一个支派，当时生活在古代望建河（今额尔古纳河）流域。正史中对此有明确记载，《旧唐书》云：“大山之北有大室韦，其部落傍望建河居。其河源出突厥东北界俱伦泊，屈曲东流，经西室韦界，又东经大室韦界，又东经蒙兀室韦之北。”这样的记述之后又零星见载于宋人的著述中，清人的朴学风尚不断推动这一领域的研究，20世纪中外一流的史学家王国维、白鸟库吉等又都参与进来，使得这一研究取得了实质性的成果。蒙古族的族源归属问题，长期以来国内外学者有多种提法，有“匈奴说”“东胡说”“突厥说”“鞑靼说”“土著说”以及“混合说”（蒙古族族属东胡、突厥、吐蕃等）。其中影响较大的是“东胡说”，而这种说法在宋人洪皓的《松漠纪闻》中就有记载：“‘盲骨子’，唐书云‘蒙兀’，契丹事迹云‘朦古国’，皆属东胡部族。”清代学者屠寄，在其《蒙兀儿史记》一书则明言：“蒙兀儿者，室韦之别种，其先出于东胡”[①]，后来蒙古族源于东胡室韦之说日渐兴盛。此派学者认为，蒙古族的主体部分属于东胡系统，是室韦部落的一支。虽然室韦与契丹、鲜卑、东胡之间的关系至今仍存争议，在此不再展开细说，但可以肯定的是，蒙古族的起源同我国古代北方各民族的历史，有着十分密切的关系，蒙古族在长期的历史发展过程中，曾吸收了活动于大漠南北的不少民族成分。王国维先生之《辽金时代蒙古考》还考证了望建河为额尔古纳河，他认

① 樊保良．蒙古族源诸说述评，内蒙古社会科学（汉文版）1983年第3期，第19页。

为："望建出俱伦泊，今由呼伦湖东出者惟额尔古纳河，东北流与黑龙江合……蒙兀室韦乃在今黑龙江入混同江处之西南，由是蒙古之居额尔古纳河、斡难河流域者可得而说矣。"840 年，回鹘汗国崩溃，蒙古高原暂处于"强权真空"状态，"蒙兀室韦"这个部落的人大部分西迁，逐渐同留在蒙古高原的突厥语族居民互相融合。在成吉思汗统一蒙古各部之前，这里长期部落林立，相互征伐，战争不断。

随着蒙古汗国的建立，成吉思汗开始了西征，所到之处攻城略地，无坚不摧，蒙古骑兵的远距离机动，达到了史上空前未有的程度，没有哪个民族似这般永不停歇地、始终保持着旺盛的战斗力。在《成吉思汗箴言》中有一段话，生动描述了这个民族的坚忍性格：

拼杀冲锋的时候，要像雄鹰一样；
高兴的时候，要像三岁牛犊一般欢快；
在明亮的白昼，要深沉细心；
在黑暗的夜里，要有坚强的忍耐力①。

这个民族建立的世界性帝国，在中古时代拥有持续而广泛的影响。时至今日，成吉思汗的历史业绩和蒙古汗国的世界性影响，一直都是蒙古学经久不衰的讨论主题，这也是该领域内最为基础性的研究内容。如今传世的两部主要的蒙古史名著都是域外文献，从中能管窥蒙古汗国的这种世界性影响。由波斯著名历史学家拉施特主编的历史巨著《史集》，保存着 14 世纪以前蒙古及中国北方其他游牧部落的第一手历史资料；瑞典人多桑，用法文撰写的《蒙古史》，参用了大量阿拉伯文和波斯文史料，为中外学者广泛征引。也正是由于蒙古学史料遍布世界各地，在中国，元史成为了最特殊的断代史研究，这一领域本身所必须具备的国际

① 白音德力海．论成吉思汗的人格坚韧性，语文学刊（高等教育版）2012 年第 12 期，第 76 页。

化视野，是任何其他朝代都无法与之相比的。

说到这两部历史巨著，对蒙古起源的记录倒是颇为相近，从中也能看出在蒙古族扬名世界之前，这个民族的幼年时代确实与额尔古纳河息息相关。《史集》中记述了蒙古部发源于“额儿古纳－昆”（*Erg ü ne hun*）的地方，两个人生息繁衍，民族人数渐众。“蒙古”一词成为氏族的名称，原来的蒙古人逐渐分成了两个部分，分别是捏古思（*Neg ü s*）和尼伦（*Nirun*）两个部落。而在《蒙古史》中则记作：“在成吉思汗诞生的两千年以前，蒙古人被其他民族破灭，仅遗男女各二人，遁走一地，四面皆山，山名额儿格涅坤（*Erguene Coum*）……避难二人之后裔名曰帖古思与乞颜。后人繁盛，分为部落……先是其民常采铁矿于山。成吉思汗后裔之为蒙古君主者，纪念此事，每于除夕召铁工至内廷捶铁，隆礼以谢天恩。”上述史料传说痕迹太过明显，当中“仅遗男女各二人”的问题，蒙古学者亦邻真先生曾对此有过解释：“被杀得只剩下两对男女之说，是民族学上常见的故套。北方民族在开化之后，由于无法解释自己最古的祖源，便用这种办法来编纂自己口碑历史的第一章。突厥人也曾有过类似的传说。”[①] 剔除掉传说因素的影响，其余记述对于历史学家来说是非常珍贵的史料，以文中出现的“乞颜”一词为例，乞颜氏是蒙古姓氏中最古老的姓氏，至今已有2000多年的历史了，今人要进行相关研究，多桑《蒙古史》中的该条记载，便是重要的史料来源。

额尔古纳河及其流域，在各种史料中稍有不同，《新唐书》记作室建（河），《辽史》作安真（河），《元史》作也里古纳[②]，《蒙古秘史》作额洏古涅－木涟[③]。但是“额尔古纳”一词，究竟是什么意思呢？民国

① 亦邻真．成吉思汗与蒙古民族共同体的形成，内蒙古大学学报（社会科学）1962年第1期，第3页。

② 阿尔达扎布．探讨在呼伦贝尔地区发生的蒙古秘史中的历史事件，呼伦贝尔学院学报2011年第2期，第10页。

③ 阿尔达扎布．新译集注《蒙古秘史》．汉文版，呼和浩特：内蒙古大学出版社2005年版，第141节。

《呼伦贝尔志略》中是这样解释的："额尔古纳四字，蒙语以手递物之谓也。人曲腰以手递物则成一六十五度之三角形，海拉尔河大势西北流至阿巴该图山忽折向东北流，其折弯处亦成一六十五度之三角形，即如人以手递物之势。"此说流传甚广，由《蒙古秘史》成书年代及其记载来看，至少在13世纪中叶以前这条河流便被唤作"额洏古涅－木涟"，将额尔古纳解释为"以手递物"之意，是不足信的。首先，这种解释完全忽略了比它更早的史料记载；其次，能够通过文献资料对蒙古人语言进行研究是13世纪以后的事，暂且不说不同历史时期蒙古语本身发生的变化，单以古蒙古语而论，它的形成就曾受到过突厥语等其他历史上多个民族语言的影响，因此缺乏语源学背景的讨论而对蒙语词汇作下判断，是不科学的；最后，志书又以河流走势来附证这种误说，更不足取。对于"额尔古纳"一词的解释，学者乌云达赉认为是沃沮－通古斯语（*Erg ü nan*）的译音[①]，据他认为，在沃沮－通古斯语中，常将流速缓慢的河流称为*Er*，而将急弯河曲习惯称为*g ü nan*，而额尔古纳河本身正是上游流速较缓，到了中游以下河幅变窄，又有其他河流泻入，向岸边冲击切割之后形成急弯河曲。所以，乌云达赉推测，额尔古纳河应当是把额尔河和古纳河连起来之后的叫法[②]。类似上述这种基于语源学意义上的探讨和论证，便是十分严谨而科学的研究，将十分有助于后人研究的深入，作为一家之言还为大家提供了一种新的思路。另外，也要求我们今天在采纳相关志书的记载时，更应慎之又慎，以免谬说流传，贻误后世。

额尔古纳河被视为蒙古人的母亲河，对于这样一块祖先发祥的宝地，成吉思汗铁木真把它封给了战功显赫的大弟弟——拙赤·哈撒尔，今天的黑山头古城遗址就是哈撒尔建立的都城。哈撒尔自幼箭术超群，人们称他为哈布图·哈撒尔。哈布图，据说来自于古契丹语，意为射手。据

① 乌云达赉遗稿，乌热尔图整理．呼伦贝尔历史地理·汉文版，海拉尔：内蒙古文化出版社2002年版，第72页。

② 阿尔达扎布．探讨在呼伦贝尔地区发生的蒙古秘史中的历史事件，呼伦贝尔学院学报2011年第2期，第10页。

《蒙古秘史》记载，哈撒尔“发怒弯弓，射出的叉箭，能翻过远山，把十个人、二十个人一起射穿；射出的飞箭，能越过旷野，把搏斗的战士射穿。大拽弓能射九百度，小拽弓能射五百度”。而《黄金史》中，这位蒙古人民心中的英雄巴特尔：“长胡子，长相像汉国关羽，善用箭，箭术非凡，百发百中。”[①] 现如今还有一个由额尔古纳市发起，来自世界各地的神箭手们参与的“哈撒尔国际传统射箭节”，便是以他的名字命名的。据史书记载，铁木真、哈撒尔兄弟俩小时候有一次因一条小鱼与同父异母的弟弟别克贴儿发生争执，竟将别克贴儿射杀，他们的母亲诃额仑额柯十分痛心，狠狠地训斥了他们，强调兄弟团结才能战胜一切困难，让他们明白“除影子外无伴当，尾子外无鞭子”的道理。12 世纪的蒙古高原上，杀戮不断，《蒙古秘史》记载：“星天旋转，诸国征战，连进被窝睡觉的功夫都没有……没有逃避的地方，只有冲锋打仗，没有平安幸福，只有互相杀伐。”在草原上兵荒马乱、弱肉强食的年代，兄弟二人与寡母在如此艰苦的环境中存活下来，除了要经受住生活中突如其来的打击和磨难，还要学会团结一切可以团结的力量。他们兄弟俩很早就遭受部族的众叛亲离，他们的父亲也速该遇害以后，乞颜部民众将他们母子抛下，任他们一家人在草原上自生自灭，可成吉思汗后来却宽容地接收了这些背弃的部属。从这些事情中可以看出，苦难生活的磨砺和母亲的教育，都使得铁木真很早就明白，要想取得征服战争的胜利和实现蒙古民族的壮大，队伍的团结至为重要。哈撒尔从小跟随铁木真，铁木真也十分信任这个弟弟，兄弟二人都为蒙古民族的强盛和蒙古帝国的建立立下了不朽功勋，在蒙文史书中，他与成吉思汗被比作“两个太阳”，是蒙古历史上杰出的军事统帅[②]。拉施特《史集》记载，成吉思汗“在所有兄弟和侄儿中（特别看中哈撒尔一系），按照作为兄弟和宗王习惯上应得的权利，将（崇高的）官位和封号授予他和他的儿子们”。1189 年，成吉思

① 那布其玛．蒙元时期哈撒尔兀鲁斯历史研究，内蒙古大学硕士学位论文 2012 年。

② 那布其玛．蒙元时期哈撒尔兀鲁斯历史研究，内蒙古大学硕士学位论文 2012 年。

汗组建了一支“怯薛”（护卫）军，哈撒尔便被任命为这支军队的首领，担任大汗营帐的警戒，成为成吉思汗的佩刀保卫者。这支军队执事名为“科尔沁”，后来还成为了哈撒尔后裔部落的名称。

虽然蒙古族源自额尔古纳河，但随着征服战争，最终走向了世界各地。如今生活在这一流域的反而不是以蒙古族为主，额尔古纳河中下游生活着鄂温克人，他们是目前唯一保留游猎文化的民族，住在额尔古纳河上游的是巴尔虎等蒙古部落，中游干流区域因额尔古纳河是界河的缘故，西边是俄罗斯人，东岸是汉人、回族人，在室韦与恩和等小镇则是俄罗斯族人为主[①]。额尔古纳河被当作界河，则是因清康熙年间中方与沙俄之间的雅克萨之战，战后双方签订了《中俄尼布楚条约》，由该条约划定了中俄两国的东段边界，规定了两国以额尔古纳河、格尔必齐河和格尔必齐河源向东绵延至海的外兴安岭为界。

这场战争还得从沙俄东进说起。在15世纪末16世纪初，伊万三世（Ivan Ⅲ）及其子瓦西里三世（Vassilieff Ⅲ）统治时期，莫斯科大公国摆脱了蒙古钦察汗国的控制，建立了统一的俄罗斯国家，俄国势力的扩张正是源于蒙古钦察汗国的衰落。从16世纪下半叶开始，沙俄开始急剧东扩，先后征服了喀山汗国、阿斯特拉罕汗国和西伯利亚汗国。17世纪中叶，俄国势力进入勒拿河，1632年在勒拿河中游建立雅库次克城（Yakutsk）[②]，成为以后沙俄侵略黑龙江流域的据点。俄国人入侵黑龙江的那一年，正是满人入关的那一年[③]。1657年，沙俄派正规军在尼布楚河与石勒客河合流处建立了雅克萨城与尼布楚城。当俄国向黑龙江流域扩张势力的时候，刚刚建立起来的清王朝已经在黑龙江流域各部族之间建立起牢固的统治，于是中俄势力开始在这里交锋。清朝平定“三藩之乱”

① 额尔古纳河，中国国家地理2007年第9期。

② 蒋廷黻．最近三百年东北外患史·上——从顺治到咸丰，清华大学学报（自然科学版）1932年第S1期，第6页。

③ 蒋廷黻．最近三百年东北外患史·上——从顺治到咸丰，清华大学学报（自然科学版）1932年第S1期，第7页。

后，开始腾出手来对黑龙江地区的俄国人采取军事行动。在与俄正式开战以前，康熙帝派人修运战船，通驿站，运粮食，调军队和联络喀尔喀的车臣汗等，做了充足的准备[①]。魏源《圣武记》记载：“（康熙）二十一年遣都统彭春等以兵猎黑龙江，径薄其郛。侦形势，于黑尔根及齐哈尔各筑城戍之，置十驿，通水运。又令喀尔喀车臣汗断其贸易，令戍兵刈其田稼以困之。”1685 年，康熙命都统彭春、副都统郎坦、黑龙江将军萨布素等从瑷珲起兵，率 3000 人分水、陆两路围攻被沙俄窃据 20 年之久的雅克萨。在凌厉的攻势面前，俄军统领托尔布津乞降，答应撤往尼布楚。但清军一离开，侵略者便卷土重来，在雅克萨城建城据守。清廷侦获实情后，萨布素等于第二年五月奉命再次率 2000 人进至雅克萨城下。清军在雅克萨城外挖壕筑土垒，截断水源，用大炮猛轰俄军，托尔布津中炮毙命，俄军伤亡惨重。侵略军困守孤城，饥寒交迫，又加坏血病流行，800 多守城俄军仅剩 66 人，弹尽粮绝。沙皇被迫遣使臣文纽科夫和法天罗夫至北京“乞撤雅克萨之围”，并于 1686 年初派出戈洛文为大使，前来中国举行边界谈判。沙皇政府无力向东方派兵，一是因为国内政局动荡，摄政王索菲亚野心勃勃想当俄国的第一位女沙皇，同时拥立了两个沙皇伊凡和彼得，各方忙着争权夺利。另一个重要原因是沙俄将主要兵力投在黑海和巴尔干地区的扩张战争上，一直在集结力量，想再次发动与土耳其的“俄土战争”。据《清圣祖实录》记载，1687 年乘荷兰使团回国之际，康熙就曾委托荷兰使团带信给沙皇，申明立场：“收回雅克萨、尼布潮、罗刹，于何处分立疆界，各毋得逾越，则两界人民，均得安居，不失永相和好之意。”[②] 在沙皇政府的请求下，清军于康熙二十七年（1688）八月撤围。此后，两国开始正式谈判，并于第二年九月签订了《中俄尼布楚条约》。为了求得北方边境安宁，中方在条约上作了让

---

① 蒋廷黻．最近三百年东北外患史·上——从顺治到咸丰，清华大学学报（自然科学版）1932 年第 S1 期，第 15 页。

② 邹逸麟．论清一代关于疆土版图观念的嬗变，历史地理 2010 年第 1 期，第 47 页。

步，以额尔古纳河为界，尼布楚归俄方。

因为中方与沙俄的战事，额尔古纳河被当作界河写入了两国签订的国际条约中，重新纳入历史学家的视野。《中俄尼布楚条约》是中国历史上第一个按照国际法的规则，与外国签订的平等边界条约，除了划分边界，条约还规定“两国人民凡持有护照者，可过界往来，并许其贸易互市”。蒋廷黻在《最近三百年东北外患史》一书中曾指出：该条约我国方面所注重的是划界，在俄国方面，所注重的是通商。康熙皇帝在与沙俄签订这一条约时显得颇为仓促，只因当时他忙于与噶尔丹争夺蒙古地区的控制权，无暇顾及与俄方交战。这一历史事件的影响广泛而深远，协助谈判的葡萄牙传教士徐日升、法国传教士张诚给康熙留下了很好的印象，以这次划界为契机，康熙帝有关疆域和领土范围的观念受到了很大的冲击。究竟清朝的版图有多大呢？在西方耶稣会传教士的帮助下，康熙派人在全国开展大规模的测绘工作[①]，历时 10 年，并在此基础上绘成中国地图发展史上具有划时代意义的《皇舆全览图》。

如果说额尔古纳河见证了历史上许多民族的迁徙和融合，那么自这条河流成为界河开始，它见证的民族融合开始跨越了东西方。

赛罕乌拉——契丹发源地与民族兴衰

赛罕乌拉自然保护区，位于内蒙古自治区赤峰市巴林右旗北部，大兴安岭南段山地，是一个以森林、草原、湿地为保护对象的国家级自然保护区，2001 年被联合国教科文组织批准为世界生物圈保护区。科学家们认为，可以通过该区生物多样性变化，来研究生物对全球气候变化的反响，对全球生物多样性保护具有十分重要的意义。该保护区以保护珍稀濒危的野生动植物为主，有国家重点保护鸟类和野生哺乳动物数十种，

① 孙喆.《中俄尼布楚条约》与《康熙皇舆全览图》的绘制，清史研究 2003 年第 1 期，第 103 页。

原始次生林区还生活着我国最大的野生斑羚羊种群，而且涵养水源植物丰富，是西辽河上游重要的水源涵养地。

赛罕乌拉

历史上，赤峰地区是我国北方古代民族契丹族的发祥地，是辽王朝重要的政治、经济、军事中心。契丹本属东胡族系，是鲜卑的一支，4 世纪中从鲜卑族中分离出来，游牧于潢河（今内蒙古自治区赤峰市境内的西拉木伦河）、土河（今赤峰市境内的老哈河）一带，过着逐水草而居的生活。《辽史·地理志》在其总序中提道："辽国其先曰契丹，本鲜卑之地，居辽泽中。南控黄龙，北带潢水，冷陉屏右，辽河堑左。高原多榆柳，下湿饶蒲苇。"关于契丹族起源，流传最广的当属"青牛白马"说，《辽史·地理志》也有记载，"相传有神人乘白马，自马盂山浮土河而东，有天女驾青牛车由平地松林泛潢河而下。至木叶山，二水合流，相遇为配偶，生八子，其后族属渐盛，分为八部"。传说中两河交汇处的木叶山，大约在今赤峰市翁牛特旗境内，八子建八部，形成了契丹初始的八部落[①]。又据《魏书·契丹传》所记载，契丹八部落分别是悉万丹、何大何、伏佛郁、羽陵、日连、匹絜、黎以及吐六于这八部。也有学者认为，

---

① 孙国军、康建国．"青牛白马"传说所反映的契丹历史，赤峰学院学报（汉文哲学社会科学版）2012 年第 8 期，第 1 页。

“八部”的概念指代的是契丹整个族系，这在北方少数民族中是一个十分普遍的历史现象①。6世纪前期，契丹尚处在部落阶段，唐初契丹八部开始形成部落联盟，推举出首领大贺氏，反复叛唐，也曾臣服于突厥。据《新唐书·契丹传》，唐曾在天宝十一年（751）由安禄山“发幽州、云中、平卢、河东兵十余万，以奚为向导”，讨伐契丹，奚临阵反水，安禄山大败而归。可见唐时的契丹，实力便不可小觑，作为崛起中的部族，与唐发生边战自是无法避免。

唐朝末年，契丹通过不断扩张已成为一个强大的民族。907年，耶律阿保机被推举为契丹部落联盟长，登上了历史舞台，后梁末帝贞明二年（916），阿保机建立“契丹”国。契丹建国后，在阿保机的带领下进行了一系列征服战争，其中比较重要的便是926年灭掉渤海国的战争。渤海国，是东北地区一个以靺鞨粟末部为主体的区域政权，曾臣服于唐朝，首领大祚荣受唐封为渤海郡王，强盛时辖有“五京、十五府、六十二州”，占据今绥芬河流域及乌苏里江、兴凯湖以东至海滨一带，与日本仅一水相隔，双方长期互派使者，联系较为密切。为了扫除契丹南下征服的后顾之忧，天赞四年（925）阿保机下诏，以“渤海世仇未雪”为借口，举兵亲征渤海国，《辽史·太祖纪》记作：“太祖诏讨渤海”，“祠木叶山，以青牛白马祭天地。”阿保机率领着契丹大军，浩浩荡荡向渤海国进发，首先包围了扶余城（有两说，一说为今吉林省农安县，另一说为吉林省四平市）。天显元年（926）正月，契丹“拔扶余城，诛其守将”，渤海老相率兵3万来援，被阿保机手下的惕隐官安端、前北府宰相萧阿古只等将领，率万名骑兵所攻破。契丹的另一支军队，由皇太子、南府宰相苏、北院夷离堇斜涅赤、南院夷离堇迭里等人指挥，连夜包围了渤海国都忽汗城（今黑龙江省宁安市西南）。渤海国国王大湮谍，被一夜之间突如其来的军事打击吓蒙了，只好“穷蹙，请降”，渤海国灭亡。阿保机

---

① 田广林．契丹古八部质疑，社会科学战线2008年第11期，第114页。

下令将渤海国改名为“东丹国”，忽汗城改为天福城，他本人在班师途中病逝。契丹从此“得地五千里，兵数十万”，成为中国北方的一个强国。

契丹立国以后曾在潢河以北建都城，名皇都。辽太祖耶律阿保机以此为据点，开始了西征东讨、拓展疆土的征服之路，他英勇善战，精明能干，是契丹民族的杰出领袖。在他死后，契丹国动荡不安、连年征战的社会现状又将他的妻子述律平推上了政治舞台。这位雄略多智的女政治家，风采丝毫不输于辽国后来的“萧太后”，她的统治开启了辽国母后摄政的政治传统，使之成为大辽历史上一种特殊的政治现象。

应天皇后，姓述律氏，名月理朵，汉名平，后人常称她为“述律后”。《辽史·后妃传》载契丹后妃们常常“以鞍马为家，长于射御，军旅田猎，未尝不从”，在长期征战和斗争中逐步成长，提高了政治素养[①]。而这位述律后尤为突出，有雄略、参军机，“太祖行兵御众，常与谋”，辅助太祖开创基业，巩固契丹政权，正如《辽史·地理志》所说：“太祖开拓四方，平渤海，后有力焉。”天赞三年（924）太祖西征党项，室韦二部黄头、臭泊乘契丹国内空虚倾巢来袭，述律后挺身而出，领兵大破进犯之敌，其他部族无不震惊，史书赞为“古所未有”。述律后还颇有政治眼光，识人善用。幽州节度使刘守光因战失利，派出韩延徽来向契丹求援借兵，韩延徽觐见时倨傲不拜，太祖大怒并将其扣留牧马。述律后知道事情的经过以后，便力劝阿保机：“守节不屈，贤者也。宜礼用之。”太祖于是留用韩延徽，委以重任，后来据《辽史·韩延徽传》记载，“攻党项、室韦，服诸部落，延徽之筹居多”，韩延徽成为了契丹历史上有名的汉臣。经由他的帮助，《资治通鉴·后梁记》记载：“始教契丹建牙府，筑城郭，立市里，以处汉人，使各有配偶，垦艺荒田。由是汉人各安生业，逃之者甚少”，契丹统治下的汉人逐步安定下来，并使得“契丹威服诸国”[②]。韩

---

① 崔岩勤．述律后其人，赤峰教育学院学报 1999 年第 2 期，第 35 页。

② 刘景岚．论辽淳钦皇后述律氏，昭乌达蒙族师专学报（汉文哲学社会科学版）1996 年第 2 期，第 8 页。

延徽还参照唐制，协助阿保机营建都邑宫殿，正君臣、立法规。正是述律平的远见卓识，首开辽国任用汉人为官的先例，加快了契丹民族仿效、接受汉文化的历史进程。

926年太祖死，述律平称制摄军国事，一些大臣不服，她以殉葬为借口乘机处死打击政敌，“杀大将百余人往从先帝”，为阿保机殉葬。据《新王代史·四夷附录》记载，“述律为人多智而忍……左右有过者，多送木叶山，杀于阿保机墓隧中”，名曰“为我见先帝于地下”。对于别人质疑她为何没有殉葬，据《资治通鉴》记载，她回答道：“吾非不欲从先帝于地下也，顾嗣子幼弱，国家无主，不得往耳。”又据《辽史·后妃传》记载，她还自断右腕以表心志，纳入阿保机棺内，以代身殉，从此被称为“断腕太后”。《辽史·地理志》中对“断腕”一事也有记录，“太祖崩，应天皇后于义节寺断腕，置太祖陵，即寺建断腕楼”。经过这些血腥的斗争和杀戮，她逐步肃清了旧敌，树立了自己的权威，稳定了辽初政局。述律后生有三子，长子耶律倍，次子耶律德光，三子耶律李胡①，在阿保机死后，她废黜理应继承皇位的太子耶律倍，扶持军功更高和她更偏爱的次子耶律德光为帝。耶律德光“貌严重而性宽仁”，而且在长期的对外战争中“所向皆有功”，实际上一直领有契丹的军政大权。在阿保机死后的20年中，述律后与其子耶律德光形成的母子政治，促进了契丹政权的完善和巩固②，她本人更是凭一己之力，实现了阿保机时代向耶律德光时代的平稳过渡。

只可惜述律后晚年为了保持自己的政治地位，又溺爱幼子，执意干预皇帝继任大事，终酿悲剧。大同元年（947），耶律德光病死在南征归途中，群臣拥立耶律倍之子耶律阮为帝。述律后在上京却另立三子耶律李胡，并支持李胡“以兵击之”，与皇孙耶律阮争夺帝位。

① 王禹浪．西辽河流域的古代都市——辽上京临潢府（上），哈尔滨学院学报2012年第7期，第11—12页。

② 宋抵．述律后晚年的政治悲剧，北方文物1985年第3期，第92页。

李胡此人“少勇悍多力，而性残酷”，早已失去人心，不久便兵败。述律后并不甘心，亲自引兵与耶律阮对峙于潢河，大臣耶律屋质奔走于双方，从中极力调停。《辽史·耶律屋质传》记载了这位政治家的分析，他认为：“为今之计，莫若以言和解，事必有成；否即宜速战，以决胜负。然人心一摇，国祸不浅，惟太后裁察”，况且“神器未移他族”，力劝述律后立足大辽的长远利益而休战讲和。最终述律后答应议和，同意大臣们立耶律阮为世宗，没过多久她便被逐出上京，软禁至祖州（今内蒙古自治区赤峰市巴林左旗西南）。这位契丹妇女的杰出代表对辽初政权的巩固发挥了至关重要的作用，她富有远见卓识和胆略胸襟，又善弄权，不惜诛杀异己，是一个集政治家的才智和契丹贵族的守旧于一身的复杂人物。在她之后，大辽 10 个皇后有 9 个出自述律氏。

契丹的兴起之地，今天处于松嫩平原腹地，辽河上游的平地松林一带，境内湖沼密布，草原茂盛，又有西拉木伦河流贯，是理想的狩猎、耕种场所。辽国之所以能称雄一时，立国 210 年之久，便得益于这种地理上的有利因素，正如《辽史·地理志》所记载：“上京，太祖创业之地。负山抱海，天险足以为固。地沃宜耕植，水草便畜牧。金龊一箭，二百年之基，壮矣。天显元年，平渤海归，乃展郛郭，建宫室，名以天赞。”天显十三年（938），辽太宗耶律德光助石敬瑭灭后唐，得燕云十六州之后，将契丹国的皇都更名为上京，府曰临潢，临潢府的辖境大抵与今赤峰市的巴林左旗相当①。947 年，太宗耶律德光灭了后晋，改国号为“辽”，辽国成为中国北方统一的政权，并开始对渤海人进行了大规模迁徙，有一部分渤海人被迁至老哈河流域的临潢府周围居住②。渤海男子以骁勇著称，素有“三人渤海当一虎”之美誉，所以辽常征渤海

---

① 史为乐主编．中国历史地名大辞典·下，北京：中国社会科学出版社 2005 年版，第 1866 页。

② 张利锁．辽河流域渤海人与辽政权的关系，廊坊师范学院学报（社会科学版）2009 年第 4 期，第 54 页。

遗民服兵役，金兴起以后也征渤海后裔兵，渤海人是辽金两朝著名的战时前锋。

赛罕乌拉在辽代是契丹贵族的夏季捺钵之所，每年的六七月间，辽国的皇帝都会来到这里。契丹族以游牧为生，“逐水草，就畋渔，避夏暑冬寒，岁以为常”，捺钵是受这种游牧习俗影响而形成的一种特殊制度，是契丹可汗与大臣们召开大政会议、合议国政的地方。据傅乐焕先生研究，四时捺钵是辽朝政令所自出的行政中心。其中，避寒避暑的两个捺钵，是契丹“国是会议”集会的季节，地位尤其重要①。直至清代，热河避暑，木兰秋猎，仍属捺钵遗风。辽在赛罕乌拉先后筑有怀州、庆州两城；怀州，亦称奉陵军，治所在今内蒙古赤峰市巴林右旗东北，即赛罕乌拉自然保护区的东南，据说阿保机破扶余城后，曾在此筑寨居之；庆州，景福元年（1031）置，治所在今巴林右旗北境，这里林木丰茂，野兽众多，是辽王朝有名的消暑行猎之所。早在辽穆宗时，庆州便开始建城，号黑河州，他也常常到此游猎，甚至将性命丢在了这里。这位历史上有名的暴君，史书记载其“荒耽于酒，畋猎无厌，嗜杀不已”，被国人称为“睡王”。他在位时，宫廷谋反篡位事件一再发生，或许是长期处于高压之下导致了心理扭曲，据《辽史》记载，他酷爱饮酒，经常“宴饮达旦”，“昼寝夜饮”。他十分清楚自己经常处于喝酒不清醒的状态，所以吩咐大臣“朕醉中处事有乖，无得曲从。酒解，可覆奏”。除了饮酒，他还爱好打猎，经常是“猎于玉山，竟月忘返”，“是月，射鹿，不视朝”。更为恶劣的是，他杀戮近侍，手段十分残忍，向为史家诟病，他自己最终也是命丧近侍之手。如果全面考量穆宗当政时期的内政外交，就会发现正史对这位帝王的评价有失偏颇。他在位时知人善任，一大批能臣得到重用，如南大王耶律挞烈，北大王耶律屋质，北府宰相萧海璃，南府宰相韩延徽、耶律沙，北枢密使萧护思，南枢密使高

① 穆鸿利．关于契丹四时捺钵文化模式的思索，内蒙古社会科学（汉文版）2005 年第 6 期，第 52 页。

勋等。又有学者对《辽史·幸表》加以统计，计算出穆宗在位18年，畋猎次数为35次，而圣宗、兴宗两位明君在位的前18年里，畋猎次数也分别达到了36次和35次[①]，穆宗与两位中兴之主打了个平手。因此，仅“畋猎无厌”一项评价，正统史家就有失公允，更为重要的是忽视了契丹族“四时游猎”的风俗影响。辽穆宗在历史上的最大功绩便是未发动大规模的对宋战争，人民得以安定地生活，社会经济得到了恢复和发展。他重视农业生产，《穆宗本纪》中记载有他多次的祈雨活动，为辽编修国史的萧罕嘉努曾说：“穆宗虽暴虐，省徭轻赋，人乐其生，终穆之世未有过。”等到了圣宗耶律隆绪时，他也常秋畋于黑河州，喜爱这里景物奇秀，特将黑河州以北的黑岭改为庆云山，他逝后就安葬于庆云山麓的永庆陵。

契丹，在中国历史上是一个有深远影响的少数民族。“契丹”之名，最早见于北魏道武帝拓跋珪登国四年（389）的《魏书》，《金史》解释为“辽以宾铁为号，取其坚也”。这个强盛的政权，其地东起鄂霍次克海的库页岛，西至额尔齐斯河，南达长城，北抵外兴安岭，拥有广袤的疆域。1125年，辽为金所灭，一部分契丹人由耶律大石率领进入中亚，建立西辽政权，又延续了93年。一个如此强劲的民族，似乎随着大辽国的灭亡而神秘地消失了，在民间只留下说书人的“演义”，留给后人燕云十六州的遗恨和妇孺皆知的萧太后逸事。

耶律大石是辽太祖耶律阿保机八世孙，他率领契丹人也曾东征金朝，力图实现复国梦想，最后却止步于和阗，无奈之下只好远离故土，为生存一路向西。1131年，耶律大石在叶密里（今新疆塔城附近）称天祐皇帝，又号古儿汗，他先后征服了高昌回鹘王国、东西两部喀喇汗王朝、花剌子模等国。1141年，耶律大石在中亚以精兵7500名，大败塞尔柱突厥王朝的10万大军，从而取得河中地区（阿姆河流域），在西方基督教

---

① 李鹏．辽穆宗时代内政外交评析，内蒙古师范大学学报（哲学社会科学版）2012年第6期，第41页。

社会引起极大震动，“契丹”一词，因这次战争而远播至西欧[1]。当时的欧洲正处于十字军东征时期，这场持续近200年的扩张战争，以维护基督教的名义波及地中海东岸各个国家。塞尔柱突厥人是十字军强大的敌人，学者认为耶律大石的胜利极大地鼓舞了处在低潮期的十字军，耶律大石也因此被欧洲人视作“上帝派来的同盟军”。欧洲的基督教徒一直试图越过穆斯林的势力找寻到契丹[2]，这种愿望经由几代人的描述变得越来越美好，也变得更加根深蒂固。西辽的疆域相当辽阔，东起哈密，西至咸海，北达叶尼塞河上游，南抵阿姆河，一时成为中亚一强大帝国。西方世界对契丹的认识，最早便来源于耶律大石在中亚建立的西辽国，穆斯林和西方史籍称之为哈喇契丹，哈喇意为黑色，故汉文又作“黑契丹”。西辽国对塞尔柱突厥人的军事胜利，就这样在世界史上占据了举足轻重的地位，中世纪西方世界对中国的想象和情感，或许都得追溯至西辽契丹人的世界性影响。后来《马可·波罗游记》又以大量的篇幅介绍了契丹，土地辽阔、富庶无比的神秘东方强烈吸引着一代又一代敢于冒险的人们。实际上，1218年西辽就已被蒙古军所灭，远早于马可·波罗来华，所以他书中提到的“契丹”自然不是真正的契丹人或辽朝，而是指代中国。可在西方人眼中，那个强大富饶、拯救基督教世界于水火的东方国度，一直是“契丹”，找到“契丹”成为他们一个世代相传的梦想。很多学者认为，大航海时代正是被“契丹梦”所激发，西班牙、葡萄牙、荷兰、法国、英国的航海行动就是为了寻找东方的契丹[3]。

“契丹”之名，在国外有着广泛的影响，现代俄语、拉丁语中将中国分别称为Kitay和Kathaya，两者都是契丹的音译，中古英语和古代穆斯

① 赵欣. 西方社会对契丹和辽的认识与研究，黑龙江民族丛刊（双月刊）2013年第1期，第75页。

② 赵欣. 西方社会对契丹和辽的认识与研究，黑龙江民族丛刊（双月刊）2013年第1期，第76页。

③ 赵欣. 西方社会对契丹和辽的认识与研究，黑龙江民族丛刊（双月刊）2013年第1期，第76页。

林语亦称中国为契丹，读音分别为 Cathay 和 Kata①。历史就像给契丹人开了一个玩笑，同时也验证了“失之东隅，收之桑榆”这一辩证哲学的科学性，他们在艰难的条件下另创一个辽阔的多民族新王朝，实行自由的宗教政策，促进了中亚各民族的交往和融合。勇敢剽悍的契丹人西迁的足迹，也引发了后人无尽的猜想。

辽朝灭亡之时，契丹人或亡入西夏，或北奔沙漠，而剩下的人又去了哪里呢？契丹人的活动，在元代仍屡见于史书记载，明、清以后竟消失得无影无踪。有人认为，东北地区的达斡尔族很可能是契丹人的后裔。在 20 世纪 90 年代，又有人通过调查宗谱、墓志等资料发现，相隔万里之遥的云南保山生活着契丹人后裔，他们跟随蒙古人远征来到云南。为了证实这一发现，研究人员先后从全国多地抽取了上百份相关的血样，再取得考古出土的契丹人腕骨、头骨和牙齿标本，以及鲜卑人头骨、牙齿标本。经过实验，根据各类人群的 DNA 测序结果，科研人员认为达斡尔族与契丹有最近的遗传关系，而云南的契丹后裔与达斡尔族有着相似的父系起源，都应当是契丹人的后裔②。这个雄鹰一样的民族虽已消逝，却在中国波澜壮阔的历史长卷里留下了浓重的一笔。在 200 年的时间里，北方边陲的各民族统一于大辽政权之下，他们共同生活、相互融合，经济、文化联系日益紧密，为之后元代的大一统奠定了基础。今天，中外学者对契丹和辽史的研究热情也从不曾减弱。

赛罕乌拉山远处塞外，雄浑壮丽，蒙古语称“赛汗罕乌拉”，意为美丽富饶的可汗山。如今保护区内的庆云山风景区成为了赤峰市的旅游胜地，保护区内的自然景观有罕山石长城、罕山天池、旗杆峰、蝴蝶溪、冰臼群等 200 余处，每年赛罕乌拉山山顶还会举行隆重的祭敖包仪式，是当地各族群众一年一度的盛大节日。

---

① 黄斌．契丹——翱翔在北方的鹰民族，第 62 页。

② 刘凤翥．DNA 揭开契丹族失踪之谜，第 25 页；杨毓骧．云南契丹的社会文化，思想战线 1995 年第 2 期，第 61 页。

西双版纳——“绿叶”文化与傣家编年

来到西双版纳，你会发现，每一个傣寨的背后往往是一个风景林，寨子周围及每户都有花果园。简单说来，傣寨靠山近林有河流，阳光充足多良田，这个风景林是一个山、水、林、田、聚落完备的傣式文化园林。每一户傣族人家以干阑式傣楼为中心，上住人，下养牲畜，放农具和交通工具，庭院里种植有果树、香料等经济作物，上层是椰树和槟榔、菩提树，中间有香蕉、芭蕉、柚子、菠萝蜜树，低层则有菠萝、西瓜、香橼、茶叶、花卉、药材等①。

生活在如此和谐的大自然中，谁不愿意热情歌咏，所以傣族一个今天仅有100多万人口的民族，历史上却创作出500余部的叙事长诗，这是一个热爱生活，极富想象力的浪漫民族。其中《葫芦信》一首，讲述了景真国王的女儿南慕罕公主和勐遮国王的儿子召罕拉王子的爱情故事，里面有一段公主南慕罕出嫁离别家乡时所吟唱的歌：

“再见吧，勤劳的百姓，
愿你们的歌声日夜不停，
愿你们的田地年年丰收，
愿你们的日子永远安宁！
……
小花园啊，今天我要嫁到远方，
愿你满园鲜花依旧年年开放，
当天边送来微风，
我在勐遮也会闻到你的芳香。”

① 陈亚颦、余明九. 西双版纳傣族文化的空间隐喻，学术探索2009年第1期，第91页。

从诗中我们能感受到一个温柔善良的女子，心中充满对故乡的眷恋和祝福。傣族长诗中的女子总是美丽动人、活泼而明艳的形象，如《相勐》中，对主人公南希里总布的描写："她有花朵的芬芳，她有金鹿的善良，她的名字像洒满阳光的翅膀，飞旋在一百零一个国家的土地上。"[①]这些叙事长诗寄托了傣族人热烈真挚的情感和对美好生活的向往。

今西双版纳境内，傣族以傣泐（汉族称水傣）支系为主，兼有傣讷（旱傣）、傣雅（汉族称花腰傣）两个支系。在这片富饶的土地上，还世代居住着汉族、哈尼族、彝族、拉祜族、布朗族、基诺族、瑶族、苗族、回族、佤族、壮族和景颇族等各族人民。"西双版纳"一词中，傣语"西双"为自然数十二，"版纳"意为千田，指的是提供贡赋的单位，"西双版纳"即十二版纳，大约在明隆庆年间始有十二版纳的划分。1953 年设西双版纳傣族自治区，所辖 12 个版纳分别是景洪、勐旺、勐养、勐笼、勐海、勐混、勐阿、勐遮、景墩、勐腊、勐捧和易武，版纳相当于县一级的行政区划单位。1955 年自治区改名为西双版纳傣族自治州，1957 年并为景洪、勐海、勐遮、勐腊、易武 5 个县级版纳，1958 年改县[②]。这里的热带雨林自然保护区，位于西双版纳州景洪、勐腊、勐海 3 个市县境内，是我国高纬度、高海拔地带保存最完整的一片热带雨林，是地球北回归线沙漠带上唯一的一块绿洲，也是当今地球上少有的动植物基因库，被誉为地球的一大自然奇观。

这里的热带、亚热带森林中生长着一种树形美观的植物，傣语称之为"戈兰"，这种特殊的植物将傣族人与自己遥远的过去紧密相连。人们将"戈兰"的叶子采集剪齐之后，再经过水沤或烘蒸、压平晒干等工序，装订成册，专门用它来刻写文字。在遥远的古印度，中国的造纸术传入以前，那里的人们也是用这种树的树叶来刻写佛经，古印度人称之为贝多罗树（属棕榈科乔木），刻写的经文流传至今就是珍贵的古文献——贝

① 成志、良振、福三．傣族叙事长诗中的妇女形象，思想战线 1982 年第 1 期，第 35 页。

② 史为乐主编．中国历史地名大辞典·上，北京：中国社会科学出版社 2005 年版，第 918 页。

贝叶经的制作

叶经。这种书写材料和书写形式，历史上是伴随着佛教传入来到了中国。《大唐慈恩寺三藏法师传》中记载的玄奘从印度带回了600多卷佛经，实际上这批佛经便是贝叶经。在玄奘将经文从梵文翻译成汉文之后，这些贝叶经的大部分被保存在西安大雁塔中，只可惜1000多年之后的今日仅余数片。所以细挑毛病的话，《西游记》中唐僧师徒三人从佛祖处取回的经卷为纸本这一情节与历史事实相悖。贝叶经记录了佛教原典，在阿育王时代，佛教僧人就携带着贝叶经前往中亚、尼泊尔、缅甸、中国等地传教，后世虔诚的佛教徒都将其视为承载着佛教历史渊源的珍罕之物。清代名僧竹禅和尚曾撰有《贝叶记》一文，他以优美的笔触写道："后世之学者得见贝叶真经如见佛面，不枉出家参学，云游十方，益于身心。"除了佛教典籍，贝叶经还保存了梵文、回鹘文、和阗文、吐火罗文等孤本、善本，记录着古代哲学、医学、天文学成就，是研究古代历史文化的重要资料。

古印度大陆佛教有众多部派，传入西双版纳的属于其中一个部派——铜碟部，其传播路线与汉传佛教并不相同。据英国学者哈威所著《缅甸史》记载，该部派先是传到锡兰（即今斯里兰卡），之后再传到东南亚的缅甸、泰国、柬埔寨、老挝以及中国的西双版纳等地。贝叶经同样也是伴随着佛教的传播而为傣族人所熟知，一般认为傣族自己的贝叶经书写始于傣历六三九年（1277）[①]。西双版纳的热带气候非常适宜“戈兰”的广泛种植，在漫长的历史岁月中，傣族人将贝叶经逐渐光大为一种属于本民族的“贝叶文化”，这种文献记载形式进入了傣族人生活的方方面面。贝叶上记录的不再仅限于他们信奉了1300多年的上座部佛教（即南传佛教）经典，还保存了他们的文学艺术、道德法律、天文历法、生产生活和医药卫生知识。可以说，傣族千百年来的生活都浓缩在片片贝叶之上，今天“贝叶经”一名也被用作泛指傣文文献，在贝叶上刻写文字的时代还拥有一个优美动听的名字——“绿叶信时代”。贝叶经在傣族人心目中是神圣而严肃的，在佛寺里它总是被放置在最重要的台栏上面，零星流传到私人家中的则会被挂在枕头上方的柱子上或是锁在箱中[②]。傣族人对贝叶经的这份敬畏与汉地敬字惜纸的传统倒有几分相通之处，1950年受邀进京的傣族“头人”便是将贝叶经作为礼物献给了毛主席。现如今经全国古籍普查发现，与其他地方的存藏情况相比，西双版纳的贝叶经无论是存世数量还是保存状况都位居前列。

傣族先民的开发历程，相关的文献记载十分有限。但是人们可以想见，热带丛林中高温、潮湿、多雨雾的自然环境，这片令中原人士闻之色变的“瘴疠之地”，傣族先民的生存史必定是一部辛酸史，更是一部伟大的征服史。傣族先民以自己的血肉之躯与各种毒蛇猛兽作殊死搏斗，承受着虫叮蛇咬的同时，他们巧妙地利用自然中生长的各类植物，以自己的聪明才智创制了许多独特的配方和用药方法。傣族医药拥有独特的疗效，被研究者誉为“与自然相连的神奇傣药”，并在应对各种热带疾病和骨折、风湿、皮肤病等领域形成了科学的医疗理论。幸而有贝叶经的记载，这些医药知识才得以保留，贝叶经医典在傣族人民心中享有崇高的地位，当中的知识还被视为最高深的学问。傣医最为知名的典籍有医

---

① 段玉明．南传佛教入滇考，佛学研究1994年，第205页。

② 艾温扁、征鹏．贝叶经——傣族文化的宝藏，思想战线1981年第2期，第69页。

学基础理论著作《嘎雅桑嘎雅》，还有收录了上千种药方的《旦兰约雅当当》（译为《医药经典总汇》）[1]。这些医典为众多科研机构提供了大量有价值的资料，云南省热带作物科学研究所和中国医学科学院药用植物研究所都十分重视，并长期致力于相关的研究。傣医以其鲜明的民族特色和地方特点，跻身六大少数民族医药体系，是祖国民族医学遗产的重要组成部分。有意思的是，贝叶经中甚至还有关于心理学方面的记录，如有一部贝叶经名为《沙都加》，共有27万多字，仔细研究了男人、女人、老人、小孩和各种人物的心理活动[2]。贝叶上的傣文主要依靠寺庙中的僧侣来识读，普通人在出家之后才有机会接触并系统学习傣文，寺庙承担了相当多的教育传播功能。但是贝叶经上的文字是“老傣文”，有些“老傣文”中还间有印度的巴利文[3]，普通年轻人知之甚少，随着许多傣族老人的离世，贝叶经的传承陷入了困境，培养更多能读懂贝叶经的传人也变得越来越迫切。

僧人在学习贝叶经

傣族的贝叶文化渗透着佛教信仰，而在版纳总让人感觉世俗化生活的点滴都受到佛教习俗的浸染，包括民族节日也是如此。傣族一年中最

① 伍琼华．万千瑰宝藏一叶——贝叶文化，今日民族2001年第5期，第56页。

② 艾温扁、征鹏．贝叶经——傣族文化的宝藏，思想战线1981年第2期，第73页。

③ 秦家华．贝叶经研究的成绩与困难，中国社会科学报2009年第3期。

盛大的节日泼水节，在我国众多少数民族节日中独具魅力，一般都认为这一节日起源于印度，受到了佛教节日的影响，与傣族崇奉佛教有关。这个盛大的节日在傣历六月，相当于公历 4 月，它同时也是傣族的新年。关于这一节日的来历，贝叶经《泼水节功果经》中有详细的记载。传说为人看卦的召哄尚与富翁之子召坦玛打赌输了，只好把头割下，但是他的头落地则必起大火，抛上天空，则天不下雨，若丢进大海，海水全干。于是他的 7 个女儿轮流托着他的头。每到轮换之时，人们便举行盛大的聚会，为之前托举的姑娘清洗身上的血污。而傣族民间则有另一个流传更广的版本。召哄尚的角色被魔王代替，魔王抢了 7 个姑娘为妻，被杀死之后，7 个姑娘轮流抱着他的头，每年的泼水节就是为了替她们洗去身上的血迹。在上座部佛教（即南传佛教）盛行的东南亚，各个国家都有自己的泼水节和近似的传说。缅甸的泼水节称作“摩诃丁犍”，“摩诃”是大或伟大的意思，“丁犍”是过渡、转移的意思，两者连起来指的便是“换岁”之意。据学者研究，在缅王统治时代，这个换岁的日子也就是泼水节的日子，是由专司历法的机构推算得来的，缅甸关于泼水节的神话故事与《泼水节功果经》的记载比较接近。在泰国，泼水节则被称之为“宋干”，源出于梵文（*Sangknanta*）[①]，有关泼水节来历的传说，故事情节更加生动，但仍未脱离七女按次序捧托父亲首级的故事框架。柬埔寨的泼水节则不大相同，虽有类似的前往佛寺拜佛和为佛洗尘的风俗，但却没有互相泼水的集会活动。

在研究傣族文化的学者眼中，泼水节并非单纯的舶来品，傣族的稻作文化和敬水传统都对这个节日习俗的形成有很大的影响，相关的研究发现也让我们对这个节日有了更新的认识。傣族先民拥有悠久的稻作历史，版纳地区因处热带，水稻能达到一年三熟，栽培水稻是傣族人民主要的农耕活动，水之于水稻种植和傣族人的生产生活都是非常重要的。

---

① 陈茜．泼水节的起源、传播及其意义，云南社会科学 1981 年第 3 期，第 63 页。

傣族人相信农作物和水都是有灵的，心中对它们存着一种天然的敬畏，民间流传着敬水畏水的传统。受这种敬畏传统的影响，西双版纳地区的水神祭祀活动至今还在流传。在景洪坝子中分布着 12 条水沟，是各个村寨的农耕和生活用水，每年都有专职人员负责整修每条水沟，每次整修完毕之后，人们便要用猪、鸡、饭团和酒来祭祀水沟神。西双版纳还有更为隆重的水神祭祀活动，而且是三年一次的大祭，人们不仅要祭祀水沟神，还要认真查验水沟的质量，如果水流不畅便要组织专人重新加以修葺，对整修水沟不力的人员还要处以罚款①。远在红河上游的傣族与西双版纳地区的同胞一样，也保留着相似的祭祀习俗，每到过年时他们会到水沟边或河边杀鸡祭祀水神，祈祷来年庄稼丰收不遭水灾，这种祭祀传统在傣族民间应该古已有之。佛教传入以后，傣族的敬水畏水传统遇上了佛教的浴佛节，算是为传统习俗找到了信仰的支持。古印度的浴佛节与傣族泼水节有许多相同之处，如节日里恭迎佛像、安座沐浴、龙口吐水沐浴等做法，二者几乎毫无差别②。佛教信仰扎根于西双版纳，佛教习俗逐步渗透至傣族生活的各个方面，也使得泼水节在傣族地区更加广为流传。

说到水，有必要提一下水在傣族人生老病死中的角色，还有人专文研究水在傣族人心目中的重要意义。水之于傣族人的生活，甚至在治病疗伤时也有作用。傣医的大夫在傣语中被唤作“摩雅”，他们在劳动之余采药制药，采用的治疗方法与中医颇为近似，也有望、闻、问、切等步骤。依研究者所记，“摩雅”在治疗骨折等疾病时会端着一碗清水，对着伤处，先念上一段口功，对着水吹几口气，意为将“口功”融在水中，然后把水抹在伤处，接着才在骨折处敷上草药。据当地人说，不这样做的话将会影响治疗效果，骨折愈合的时间也会更长③。我们知道这当中真

① 杨鸣岐．傣族泼水节考辨，贵图学刊 2008 年第 2 期，第 45 页。

② 杨鸣岐．傣族泼水节考辨，贵图学刊 2008 年第 2 期，第 45 页。

③ 艾菊红．水在傣族人心目中的象征意义及二元分类结构，云南社会科学 2008 年第 3 期，第 73 页。

正发挥作用的是傣族医药的科学疗效，但由此也能窥见水在傣族人生活中的特殊影响。

傣族先民，汉晋时称“滇越”“掸”或“擅”“僚”或“鸠僚”，1世纪掸人首领曾先后3次遣使赴洛阳，受东汉朝廷赐封①。据著名历史学家方国瑜先生研究，古代掸人居住的东面是交趾、九真、日南三郡的地界，即今北越和中越地区；西面是骠国和蒲甘区域；南面是扶南（真腊）、堕罗钵底（罗斛）、顿逊（白古）之地，即在今南越、柬埔寨、泰国南部和缅甸南部；北面则是永昌郡地界，即今天云南的滇池和洱海地区②。

唐宋时期，西双版纳地区先后归属南诏、大理政权的银生节度管辖，由节度使管理当地的军事及行政事务③。西双版纳一带的部分傣族先民，在唐代樊绰所撰《蛮书》中被称作“茫蛮”，书中提到其地无城郭，自成村落，用象、牛耕地，种水田。男子穿青布衣裤，妇女着五色筒裙，受当时南诏政权统治④。有学者认为“茫”含有“坝子”之意，被称为“茫蛮”，意为“住在坝子上的人”，以别于住居山区的民族⑤。到了12世纪，傣族首领叭真统一各部，以今景洪为中心建立勐泐政权，又称“景龙金殿国”，臣属于大理国政权。据傣族的重要史籍《泐史》记载，叭真于祖腊历五四二年庚子，即南宋淳熙七年（1180），“入主勐泐，其父给与仪仗武器服饰等多件，诏陇法名菩提衍者，则颁发一虎头金印，命为一方之主，遂登大宝，称景昽金殿国至尊佛主”⑥。傣族史学者据此认为，叭真是第一个在西双版纳地区建立傣族政权的人。在《傣族社会

---

① 高文德主编．中国少数民族史大辞典，长春：吉林教育出版社1995年版，第2244页。

② 段瑞．元代傣族史料整理之力作——读《元代云南行省傣族史料编年》，楚雄师范学院学报2007年第4期，第56页。

③ 高文德主编．中国少数民族史大辞典，长春：吉林教育出版社1995年版，第2064页。

④ 铁木尔·达瓦买提主编．中国少数民族文化大辞典·西南地区卷，北京：民族出版社1998年版，第408页。

⑤ 宋蜀华．唐宋时期傣族的政治发展及其和南诏大理政权的关系，中央民族学院学报1986年第3期，第48页。

⑥ 何平．叭真不是西双版纳第一代召片领——叭真真相再考，思想战线2011年第1期，第75页。

研究》一书中，曹成章先生将叭真的统治视为傣族社会发展史的一个重要标志，他说："傣族社会农奴制的形成，在西双版纳地区，大致开始于公元 1180 年叭真统治勐泐以后。"但除《泐史》以外，有关"景龙国"的史料记载十分匮乏，学术界对这个政权还有诸多争议，有待学者更进一步的研究。

12 世纪是傣族历史发展的一个黄金时期，霍尔的著作《东南亚史》中曾论述道："12 世纪初年，湄南河上游泰族各邦在首领的统率下开始组织成许多小国。"[①] 叭真顺应了时代发展，建立了傣族政权，这位英雄人物在傣族民间享有崇高的地位，有关他英勇善战、智慧过人的传说和故事，在我国西双版纳相邻的傣（佬、泰）族地区都有流传。因《泐史》所记明初以前的事情多为口耳相传，所以有关叭真的事迹很多带有夸饰成分，但史书记载他登基时采用"把厦"的佛教仪仗和佛教的滴水礼等内容，对今日学者研究佛教在傣族地区的传播具有重要价值[②]。这一时期西双版纳地区深受东南亚上座部佛教文化影响，景洪曼飞龙塔的兴建便是重要的证据。据傣文经典记载，该塔始建于傣历五六五年（1204），相传由各祜巴南批主持建造，是三个印度僧人设计的。这座塔带有明显的东南亚风格，现如今是西双版纳州的标志性建筑。

元朝灭大理国后建立了对云南的统治，第一次将云南纳入了中国的版图，云南行省南部的统辖范围已至今缅甸、泰国、老挝北部。在今西双版纳地区，元至元年间（1264—1294）置彻里路军民总管府[③]，至顺二年（1331）置八百等处宣慰司都元帅府，治所在景迈（今泰国北部清迈），宣慰使以下多委任当地部族首领担任[④]，在傣族地区建立了土司制

① 朱德普．勐泐叭真考说，思想战线 1993 年第 3 期，第 55—56 页。

② 黄惠焜．佛教入滇及其在傣族地区的传播载，从越人到泰人；转引自：段玉明．南传佛教入滇考，佛学研究 1994 年，第 205 页。

③ 高文德主编．中国少数民族史大辞典，长春：吉林教育出版社 1995 年版，第 282 页。

④ 史为乐主编．中国历史地名大辞典・上，北京：中国社会科学出版社 2005 年版，第 25 页；郑天挺、吴泽、杨志玖主编．中国历史大辞典・上卷，上海：上海辞书出版社 2000 年版，第 361 页。

度。方国瑜先生编著的《元代云南行省傣族史料编年》一书，其中的《傣泐区域纪事》部分就收录有车里总管府、八百宣慰司的相关史料。明洪武十五年（1382），西双版纳八世第九任召片领（车里宣慰使）刀坎归明，明太祖置车里军民总管府，任命刀坎为知府[①]。洪武十九年改为车里军民宣慰使司，治所在今云南景洪，以刀坎为宣慰使，沿袭了元代的土司制度。傣族文献《泐史》中，有关西双版纳地区的史料，也正是自刀坎开始变得丰富、翔实。据《明宪宗实录》，成化六年（1470），镇守云南的沐琮（明开国功臣沐英之曾孙）上奏："今御史、三司多有不谙夷情，或听请嘱，以致土官争袭，甚至连年仇杀不已。乞仍旧例，令臣区处，庶事体归一。"[②] 研究傣族土官承袭状况的学者称，从明代中期以后，中央朝廷加强了对傣族土司的控制和管理，规范了土司的承袭制度，沐琮奏文中提到的混乱状况得到改善。元、明时傣族人被称作"白衣"，又写作"百夷""白夷""伯夷"等，明初李思聪等人出使傣地，撰有《百夷传》一书，记录了傣族的许多习俗和礼仪，如："官民皆用笋谷为帽，以金玉等宝为高顶，如宝塔状，上悬小金铃，遍插翠花翎毛之类，后垂红缨……出入或象或马，从者塞途，俗以坐象为贵，以银镜十数为络，银铃银钉为缘，鞍三而以铁为栏，漆以丹……招摇于道，自以为贵。其相见有合掌之拜，屈膝之跪，而无端肃拱揖之礼，长于己者则跪之，有所言则叩头受之。"这些资料具有鲜明的民族特色，对今人研究傣族的社会生活和历史发展具有重要价值，都是十分宝贵的文献记载。

清顺治末年，复置车里宣慰使司。雍正七年（1729）改土归流，清廷以"江内宜流不宜土，江外宜土不宜流"为原则，将明代确立的 12 个"版纳"重新划分，江内版纳划归普洱管辖，江外 6 版纳仍归车里土司管辖。车里宣慰使司则一直存至新中国成立前。傣族土司长期受汉文化影

① 铁木尔·达瓦买提主编．中国少数民族文化大辞典·西南地区卷，北京：民族出版社 1998 年版，第 132 页。

② 吴云．元明清时期经济政治因素在傣族土司制度历史变迁中的重要作用，云南行政学院学报 2009 年第 6 期，第 99 页。

响，“渐染华风，土司之居城郭者，亦与汉人无异”，清以后傣族人被称为“摆夷”“摆衣”，新中国成立后正名为傣族。

这片富饶美丽的土地拥有大自然赋予的神奇，勤劳智慧的傣族人生于斯长于斯，用自己的双手创造着生活的美好，他们与雨林和谐共存，守卫着如南腊河一般款款深情、旖旎多姿而永不消逝的自然之美。